AF308262

*Wiki Digest*

# Interkontinentalraketen

Alles über die Waffenträgersysteme des Atomzeitalters

www.tredition.de



Verlag: tredition GmbH
Printed in Germany
ISBN: 978-3-8491-1767-2



Bibliografische Information der Deutschen Nationalbibliothek:
Die Deutsche Nationalbibliothek verzeichnet diese Publikation in der
Deutschen Nationalbibliografie; detaillierte bibliografische Daten sind
im Internet über http://dnb.d-nb.de abrufbar.

# Inhaltsverzeichnis

# Einleitung: Interkontinentalrakete

US-amerikanische Atlas-B Interkontinentalrakete der ersten Generation

**Interkontinentalraketen** (englisch: **I**nter**c**ontinental **B**allistic **M**issile, **ICBM**, russisch: **М**ежконтинентальная **б**аллистическая **р**акета, **МБР**) sind ballistische Raketen hoher Reichweite. Ihr Einsatzzweck ist in erster Linie militärisch. Interkontinentalraketen sind das wichtigste Trägermittel für Kernwaffen. Nach Lesart der SALT-II-Verträge sind ICBM alle ballistischen Raketen, deren Reichweite 5.500 km überschreitet. Unter der Abkürzung ICBM werden üblicherweise landgestützte Systeme verstanden. Seegestützte Interkontinentalraketen bezeichnet man als Submarine Launched Ballistic Missile (**SLBM**).
Nach dem raketengetriebenen Start erreicht das Projektil den Weltraum, der weitgehend antriebslos auf einer ballistischen Bahn bis zum Ziel durchflogen wird; die typische Reichweite beträgt 5.500 bis 15.000 km. Im Unterschied dazu fliegen Kurz- und Mittelstreckenraketen in den unteren Bereichen der Erdatmosphäre und erzielen eine geringere Reichweite.
Die Entwicklung dieser Waffensysteme war durch den Kalten Krieg zwischen den Supermächten USA und Sowjetunion veranlasst.
1957 startete die erste funktionsfähige Interkontinentalrakete, eine

sowjetische Entwicklung. Seit Jahrzehnten bilden Interkontinentalraketen den Kern der Atomstreitkräfte der Nuklearmächte. Interkontinentalraketen gelten in den USA auch als Weltraumwaffen, weil sie einen großen Teil ihrer Flugbahn im All zurücklegen. Ab 1. Juli 1993 wurden die US-amerikanischen ICBM-Streitkräfte in das Air Force Space Command eingegliedert. Zuvor wurde die Kontrolle durch das Air Combat Command ausgeübt. Am 1. Oktober 2002 wurde das United States Strategic Command mit dem United States Space Command zusammengelegt.
In Russland unterstehen Interkontinentalraketen den Strategischen Raketentruppen.

## Antrieb

Während in Interkontinentalraketen der ersten Generation durchwegs Raketentriebwerke mit teilweise kryogenem Flüssigtreibstoff verbaut wurden, ging man mehr und mehr zu lagerfähigen Flüssigtreibstoffen und Feststoffantrieb über. Raketentriebwerke mit Feststoffantrieb haben zwar eine geringere Effizienz, sind jedoch in der Handhabung einfacher und besitzen eine kürzere Reaktionszeit – das Betanken der Rakete entfällt.
Moderne Interkontinentalraketen haben teilweise in der letzten Antriebsstufe wieder einen Flüssigtreibstoff-Raketenmotor, der allerdings regelbar ist. Diese Raketenstufen sind heute durchweg lagerfähig, der Treibstoff lagert dabei über Jahre in der Rakete und behält seine chemischen Eigenschaften. Durch die Regelmöglichkeit kann der Flugkörper bis kurz vor dem Einschlag manövriert werden. Dies verbessert zum einen die Genauigkeit und erschwert zum anderen die Abwehr, da die Flugbahn nicht mehr rein ballistisch verläuft.

# Geschichte

Die Entwicklung von Interkontinentalraketen begann während des Zweiten Weltkriegs. Die amerikanische Firma Consolidated Vultee Aircraft Corporation legte 1946 der US Air Force das Konzept MX-774 vor, das nach dem Krieg aus Deutschland übernommen wurde. Dieses Projekt besaß zu diesem Zeitpunkt jedoch keine besondere Dringlichkeit und wurde nur gering finanziert. Allerdings war es der Grundstein für das SM-65 (Atlas)-Projekt, welches ab 1954 die höchste Priorität durch die US Air Force erhielt. Der Bau relativ leichtgewichtiger Sprengköpfe aufgrund der Entwicklung und erfolgreichen Testung von Wasserstoffbomben nach dem Teller-Ulam Design mit trockenem Brennstoff ließen Interkontinentalraketen ab diesem Zeitpunkt als realisierbare Option erscheinen.
In der Sowjetunion wurden Studien für Interkontinentalraketen seit 1950 durchgeführt, und die Entwicklung hatte im Jahr 1953 mit der Festlegung der Kriterien für die Rakete R-7 begonnen. Am 15. Mai 1957 fand schließlich der erste erfolglose Testflug einer Interkontinentalrakete in Baikonur statt. Erst der dritte Testflug der R-7 am 21. August 1957 verlief erfolgreich. Zwar zerbrach der Wiedereintrittskopf beim Wiedereintritt, jedoch war dieses Problem schon vor dem Flug bekannt und wurde daher nicht negativ gewertet.
Das Flugtestprogramm der Atlas-Rakete begann in Cape Canaveral am 11. Juni 1957 und war ebenso wie der Erstflug der R-7 ein Fehlschlag. Am 17. Dezember 1957 verlief ein Flug einer Atlas-A erfolgreich. Die Atlas-A war allerdings nur ein Entwicklungsmodell ohne zentrales Triebwerk und mit stark verringerter Reichweite.
Am 9. September 1959 wurde die Atlas-D durch das Strategic Air Command einsatzbereit erklärt und drei Raketen auf der Vandenberg AFB in Alarmzustand versetzt. Die Einsatzbereitschaft der sowjetischen R-7 wurde am 20. Januar 1960 deklariert. Diese ersten Interkontinentalraketen wiesen noch viele Unzulänglichkeiten auf, was Einsatzbereitschaft und Handhabung anging. Sie waren mit

flüssigem Sauerstoff und Kerosin angetrieben. Der Sauerstoff konnte nicht an Bord der Rakete gelagert werden, was zur Folge hatte, dass die Rakete vor einem Start betankt werden musste. Die R-7 war auch zu groß und komplex, um sie in einem Silo geschützt lagern zu können. Bei der ab 1962 stationierten Atlas F und der Parallelentwicklung Titan I konnte man dies, jedoch verhinderte der ständig verdampfende Sauerstoff eine Zündung im Silo, so dass die Raketen auf großen Lifts aus den Silo gehoben werden mussten und erst an der Oberfläche starteten. Dies erhöhte neben der Reaktionszeit im Falle eines Angriffs auch die Kosten des komplexen Systems. In der Sowjetunion wurden nur vier bis acht der etwas verbesserten Version R-7A in Baikonur und Plessezk stationiert. In den USA stationierte man 123 Atlas-D, -E und -F und 54 Titan I. Die R-7, Atlas/Titan-1 werden als Interkontinentalraketen der ersten Generation bezeichnet.

Noch während an der ersten Generation von Interkontinentalraketen gearbeitet wurde, begannen in den USA und der Sowjetunion im Zeichen des Wettrüstens Überlegungen für eine zweite Generation. Diese sollte lagerfähige Treibstoffe besitzen, die dauerhaft in der Rakete belassen werden konnten. Langwierige Betankungen vor dem Start wie bisher sollten also entfallen. Diese Raketen sollten außerdem im Silo gezündet werden können, was eine erhebliche Senkung der Reaktionszeit versprach. In den USA machte man sich an die Entwicklung der Titan II mit flüssigem lagerfähigen Treibstoff und der feststoffgetriebenen Minuteman. In der Sowjetunion arbeitete man an der R-9 und R-16. Die R-9 hatte zwar wie ihr Vorgänger Sauerstoff und Kerosin als Treibstoffkombination, dafür aber stark verbesserte Eigenschaften im Vergleich zur R-7. Sie wurde ab 1965 stationiert. Die R-16 verwendete flüssige, lagerfähige Treibstoffe und wurde Ende 1963 in Dienst gestellt. Titan II und Minuteman kamen in den USA ab 1963 in die Silos.

1967 verfügten die USA nach sechs Jahren intensiver Aufrüstung über 1054 Interkontinentalraketen im Dienst vom Typ Titan II und Minuteman I und II. Diese Zahl blieb aufgrund des SALT-Abkommens bis zum Ende des Kalten Krieges konstant, die mit Mehrfachsprengköpfen (MIRV) ausgestatteten Minuteman III (Stationierung ab 1970) und MX Peacekeeper (Stationierung ab Ende 1986) ersetzten nur die Minuteman I und Titan II. Mit der Ausmusterung der Titan II 1987 verfügte die USA nur noch über Raketen mit festem Treibstoff und MIRV in ihrem Arsenal.

Die Entwicklung des sowjetischen Arsenals verlief weit variabler als das der USA. Schließlich gab es eine große Anzahl verschiedener Raketentypen und Subvarianten. Im Gegensatz zu den USA setzte die Sowjetunion stark auf schwere Flüssigtreibstoffraketen und behielt neben MIRV bis in die 1990er Jahre Raketen mit Einzelsprengköpfen von 20 MT Sprengkraft in ihrem Arsenal. Erst in den 1980er Jahren führte die Sowjetunion Feststoffraketen in großer Zahl ein, dies waren die Topol und die RT-23. Diese Systeme waren zum Teil mobil auf Straßenfahrzeugen und Eisenbahnwagons stationiert und somit schwer lokalisierbar. Die USA führte keine mobilen landgestützten Systeme ein, obwohl dies mehrfach geplant war, so bei der Minuteman I, MX Peacekeeper und zuletzt bei der gestoppten Midgetman-Entwicklung.

SALT I von 1972 konnte den weiteren Ausbau der strategischen Arsenale nicht hindern; zwischen Anfang der 1970er Jahre und 1980 wuchs die Zahl der Sprengköpfe für ICBM und SLBM der beiden Supermächte von jeweils rund 2.000 – mit leichtem Vorsprung der USA – auf mehr als 10.000 (USA) bzw. etwa 9.000 (UdSSR).

In den 1980er Jahren setzte sich der Anstieg sogar noch fort, bis er Ende des Jahrzehnts infolge der weltpolitischen Entwicklungen abgestoppt werden konnte und seitdem schrittweise Reduzierungen möglich wurden.

Das einzige Land, welches neben den USA und der
UdSSR/Russland Interkontinentalraketen in Dienst gestellt hat, ist
die Volksrepublik China. Seit Anfang der 1960er Jahre betrieb das
Land Forschung im Bereich ballistischer Raketen und konnte 1981
die DF-5 in Dienst stellen, eine Rakete mit lagerfähigen flüssigen
Treibstoffen. Durch die südlichere Lage im Vergleich zur Sowjet-
union/Russland müssen chinesische Raketen eine erheblich gestei-
gerte Reichweite haben, um Ziele in Nordamerika erreichen zu
können. Die DF-5 hat eine Reichweite von 13.000 km, während
sowjetische/russische Raketen in der Regel nur für Reichweiten von
8.000 bis 11.000 km ausgelegt sind.
Das Ende des Kalten Krieges brachte eine drastische Abrüstung von
Interkontinentalraketen der Supermächte mit sich, dennoch wurde
weiterhin an Verbesserungen gearbeitet. Russland stellte die Topol-
M als modernisierte Version der Topol in Dienst. China entwickelte
die mobilen feststoffgetriebenen DF-31 und DF-31A. Die USA
entwickelten keine neuen Interkontinentalraketen, führten aber ein
massives Modernisierungsprogramm an ihrem Minuteman-III-
Arsenal durch. Weitere Staaten, die derzeit an landgestützten Interkontinentalraketen arbeiten, sind Nordkorea und Indien.

**Reichweite**

Mit einer ballistischen Flugbahn sind Reichweiten bis ca.
13.000 km üblich. Die nicht mehr im Truppendienst befindliche
sowjetische R-36 Rakete hatte dagegen in einer ihrer Varianten einen teilorbitalen Sprengkopf, der von einem stabilen Orbit aus fern-
gesteuert jeden Punkt der Erde erreichen konnte (FOBS).
Aufgrund der hohen Leistungsfähigkeit der Raketen werden veralte-
te oder außer Dienst gestellte Interkontinentalraketen auch zum
Start von Satelliten eingesetzt, beispielsweise die russischen UR-
100N als Rockot-Trägerrakete.

# Sprengkopf

## Typen

ICBMs sind bisher ausschließlich mit nuklearen Sprengköpfen bestückt. Hier kommen seit der zweiten Generation fast ausschließlich Mehrfachsprengköpfe (MIRV) zum Einsatz, d. h. spätestens bei Wiedereintritt in die Atmosphäre teilt sich die Spitze in mehrere Gefechtsköpfe, die auf verschiedene Ziele programmiert werden können.
Die Gefechtsköpfe (engl. *Warheads*) hatten bei den ersten Generationen von Raketen eine Sprengkraft von mehreren Millionen Tonnen-TNT-Äquivalent, so etwa bei dem W-53-Sprengkopf der Titan II mit 9 MT. Mit Einführung von MIRV mit ihrer erhöhten Genauigkeit und größerer Anzahl sank die Sprengkraft auf einige hundert kT. Die Sowjetunion stationierte aber noch in den 1980er Jahren Raketen mit Einzelsprengköpfen mit bis zu 20 MT Sprengkraft. Neuerdings wird in den USA diskutiert, Interkontinentalraketen mit konventionellen Sprengköpfen zu bestücken, um damit auch weit entfernte Stützpunkte von Terroristen angreifen zu können . Von russischer Seite wird dies sehr kritisch kommentiert, da damit eine Identifizierung von mit Nuklearsprengköpfen bestückten Waffen, eine wesentliche Grundlage bisheriger Abrüstungsabkommen, unmöglich würde .

## Wiedereintrittskörper

Da Interkontinentalraketen einen Großteil der Flugbahn im Weltraum zurücklegen, müssen sie zum Erreichen ihres Zieles wieder in die Erdatmosphäre eindringen. Um nicht zu verglühen, benötigen sie einen wärmeresistenten Wiedereintrittskörper.

## Mehrfachsprengköpfe (MRV) und (MIRV)

Wiedereintrittskörper nach einem Test mit der Mittelstreckenrakete Thor-Able im April 1959

Interkontinentalraketen werden häufig mit mehreren Sprengköpfen ausgerüstet, damit pro Abschuss ein größeres Zielgebiet angegriffen werden kann. Zudem ist der Start einer Rakete sehr ressourcenintensiv; es ist also effizienter, mehrere Sprengköpfe mit einer Rakete zu transportieren.

Die erste Generation von Mehrfachsprengköpfen konnten noch nicht unabhängig voneinander gesteuert werden (MRV: Multiple Re-Entry Vehicle), so etwa bei der sowjetischen R-36 (SS-9 Mod 4).

Später konnte man Gefechtsköpfe unabhängig voneinander zielen (MIRV: Multiple Independently targetable Re-entry Vehicle). Die einzelnen Sprengköpfe sitzen dabei auf dem sogenannten MIRV-Bus, einem manövrierfähigem Adapter. Nach dem Ausbrennen der letzten Raketenstufe führt dieser Kurskorrekturen durch und setzt die Sprengköpfe auf ihrer endgültigen ballistischen Bahn aus. Dadurch können die einzelnen Sprengköpfe innerhalb des Zielgebiets von meist mehreren hundert Kilometern Durchmesser beliebig platziert werden. Der Streukreisradius liegt bei modernen Systemen zwischen 90 und 500 m, die Sprengkraft zwischen 50 und 800 kT.

Russland, die USA, Frankreich und Großbritannien haben MIRV-Systeme in Dienst stehen. Landgestützte MIRV-Systeme sollten durch den START-II Vertrag verboten werden, der Vertrag trat aber nicht in Kraft. Die USA haben ihre LGM-118A Peacekeeper bis Ende 2005 außer Dienst gestellt, jedoch sind weiterhin Minuteman III mit bis zu drei Sprengköpfen in Dienst. Russland hat derzeit die R-36MUTTHk, R-36M2 (SS-18 Mod 4 und Mod 5) und UR-100NUTTH (SS-19) mit Mehrfachsprengköpfen in Dienst stehen und entwickelt eine MIRV-Variante der Topol-M (RS-24, SS-27 Mod-X-2).

**Manövrierfähige Sprengköpfe (MARV)**

Ab den 1980er Jahren hielt eine alternative Technologie Einzug: die in der Endphase des Anflugs begrenzt manövrierfähigen Spreng-köpfe (MARV-Maneuverable Re-Entry Vehicle) sollten die Rake-tenabwehr rund um Moskau durchdringen und/oder sehr hohe Ziel-genauigkeiten (CEP) von ca. 50 m erreichen. Ab 1976 wurde ein entsprechendes System, die MGM 31B-Pershing II seitens der USA entwickelt und ab 1985 in der Bundesrepublik stationiert und im Rahmen des INF-Vertrags vernichtet.
Auch die US Navy plante ein solches System. Als Trägerrakete sollte die sehr genaue UGM-133 Trident II D-5 (CEP 120 m mit einer Reichweite von 10.000 km) entwickelt werden. Das System wurde ab 1990 dann doch in einer auf MIRV basierenden Version (UGM-133B) auf einigen U-Booten der Ohio-Klasse in Dienst ge-stellt. Auch die sowjetischen/russischen Streitkräfte haben diese Entwicklungen weitgehend abgeschlossen. Russland hat z.Zt. etwa 40 landgestützte (potenziell mobile) Topol-M-Raketen im strategi-schen Arsenal. Die seegestützte Version Bulawa (SS-N-30) befindet sich zurzeit in der Erprobung auf einem U-Boot der Typhoon-Klasse.

**FOBS**

Bei dem sowjetischen FOBS-System (*Fractional Orbital Bombardment System*) wird der Gefechtskopf in eine niedrige Erdumlaufbahn (LEO) gebracht, von wo aus er jeden Punkt der Erde erreichen kann. Dazu muss der Gefechtskopf nach Erreichen des Orbit lediglich zu einem bestimmten Zeitpunkt abgebremst werden.
Die Raketen sollten über die Pole fliegen und die USA von Süden aus angreifen. Damit umginge man das US-Radarnetz, das in Richtung Norden ausgerichtet war. Als Trägerrakete war die sowjetische R-36O (SS-9 Scarp Mod 3) vorgesehen. Das System war ab November 1968 voll einsatzbereit. Es trug einen Gefechtskopf mit einer Sprengkraft von 1-3 MT. Das System war allerdings nur kurze Zeit in Dienst und nie in ausreichenden Zahlen verfügbar. Weiterhin war es sehr ungenau (CEP bis zu 5 km) und dadurch für den Angriff auf gehärtete Ziele (z. B. Raketensilos) ungeeignet.
Da die Zeitspanne zwischen Abbremsung und Aufschlag im Ziel nur wenige Minuten beträgt, wäre die Vorwarnzeit sehr gering. Weiterhin würden die Geschosse in niedrigeren Höhen als bisherige ICBMs fliegen, sodass die Entdeckung durch Radarsysteme erschwert wäre. Beides führte zum späteren Verbot dieser Art von Waffen im Rahmen der SALT-Verträge.

**Flugphasen**

Folgende Flugphasen werden unterschieden:

1.  Start- oder *Boost*-Phase – 3 bis 5 Minuten (bei Feststoffantrieb kürzer als bei Flüssigantrieb), Höhe am Ende zwischen 150 und 400 km je nach Flugbahn, Geschwindigkeit typisch 7 km/s (25.000 km/h), bis zur 1. kosmische Geschwindigkeit.

2. Mittlere Flugphase – etwa 25 Minuten – suborbitaler Flug in einer elliptischen Umlaufbahn, deren Apogäum typisch eine Höhe von 1.200 km hat. Die große Halbachse dieser Ellipse hat eine Länge zwischen dem vollen und dem halben Erdradius; die Projektion der Bahn auf die Erde ist nahe zum Großkreis, leicht verschoben wegen der Erdrotation während des Flugs. In dieser Phase kann der Flugkörper mehrere unabhängige Gefechtsköpfe und Eintrittshilfen wie metallbeschichtete Folienballons ausstoßen, weiterhin Chaff oder ganze Täuschkörper.
3. Wiedereintrittsphase, beginnend in 100 km Höhe – 2 Minuten Dauer – Einschlag mit einer Geschwindigkeit bis zu 4 km/s (14.400 km/h), bei frühen ICBM weniger als 1 km/s (3.600 km/h).

**Abwehr**

Im Allgemeinen wurde in den 1960er und 70er Jahren davon ausgegangen, dass Interkontinentalraketen aufgrund ihrer hohen Geschwindigkeit – zirka 20-fache Schallgeschwindigkeit – und Flughöhe nur mit nuklear bestückten Anti-Raketen-Raketen sicher abgewehrt werden können. Die fortschreitende Technik ermöglichte später Systeme, die durch präzise Zielerfassung den anfliegenden Sprengkopf genau treffen und allein durch die kinetische Energie zerstören können (*hit-to-kill*). Da die amerikanischen und sowjetischen Interkontinentalraketen vielfach für einen Flug über den Nordpol programmiert waren, waren die entsprechenden Abwehranlagen jeweils nach Norden ausgerichtet; in Alaska befanden sich amerikanische Anlagen zur Raketenortung und -abwehr.
Während des Kalten Krieges handelten die USA und die UdSSR ein Abkommen aus, das es jeder Seite erlaubte, genau eine Anlage zur Raketenabwehr einzurichten, das ABM-Abkommen (Anti-Ballistic-Missile). Während die USA ihre Raketenfelder schützten, aber die Anlage bereits nach kurzer Zeit, gerüchteweise nur einem Tag, wie-

der außer Betrieb nahmen, sind die ABM-Raketen des heutigen Russland nach wie vor rund um Moskau stationiert. Dies wird von Beobachtern auch darauf zurückgeführt, dass die wissenschaftliche, wirtschaftliche und politische Struktur des Ostblocks seinerzeit und nun Russlands völlig auf die Zentrale Moskau ausgerichtet ist. Seit Beginn des 21. Jahrhunderts entwickeln die USA wieder ein Abwehrsystem, welches den Namen „National Missile Defense" trägt. Es soll das Territorium der Vereinigten Staaten und deren Truppen in Übersee vor ballistischen Raketen, insbesondere ICBMs, schützen. Hierzu wurden neue Sensoren entwickelt und bereits vorhandene Systeme verbessert, sowie neue Waffensysteme geschaffen. Einige Teile des Systems befinden sich noch in der Entwicklung oder Erprobungsphase, während andere bereits im Gefecht eingesetzt wurden.

**Unfälle**

5. Dezember 1964 – Eine LGM30B-Minuteman I-Rakete wurde auf der Abschusseinrichtung L-02 der Ellsworth Air Force Base, South Dakota, in den taktischen Alarmzustand versetzt. Zwei Air-Force-Mitarbeiter waren zur Abschusseinrichtung abkommandiert, um das Sicherheitssystem des Raketensilos zu reparieren. Mitten in der Überprüfung zündete eine Bremsrakete unter dem Gefechtskopf, wodurch der Gefechtskopf etwa 23 m tief auf den Boden des Raketensilos fiel. Beim Aufschlag rissen sich die Zünd- und Höhensteuersysteme los, sodass die Stromversorgung des Gefechtskopfs ausfiel. Der Gefechtskopf wurde durch den Aufschlag schwer beschädigt, jedoch arbeiteten alle Sicherheitsvorrichtungen wie vorgesehen, sodass keine Explosion und keine Freisetzung radioaktiven Materials erfolgte.

9. August 1965 – Nahe der Little Rock Air Force Base und der Stadt Searcy in Arkansas kam es in einem Silo (Launch Complex 373-4), bestückt mit einer LGM-25C Titan-II-

Interkontinentalrakete, zu einem Unfall. Bei Wartungsarbeiten im Rahmen des Projekts "Yard-Fence" zur Härtung der Silos gegen mögliche Einschläge von Kernwaffen in der Nähe wurden bei einem Feuerausbruch 53 Personen getötet.

Nach Angaben der US Air Force gab es zwischen 1975 und 1979 rund 125 Unfälle mit Titan-ICBMs in Arkansas, Arizona und Kansas. Von März 1979 bis September 1980 gab es 10 Lecks und Unfälle in den in Arkansas vorhandenen Silos.

24. August 1978 – In einem Silo (Launch Complex 533-7) mit einer LGM-25C Titan-II-Rakete nahe der McConnell Air Force Base südöstlich von Wichita, Kansas wurden zwei US-Air-Force-Soldaten aufgrund eines Lecks der Rakete getötet und 30 weitere durch Gasaustritt verletzt. Das Silo wurde beschädigt und die Siedlungen in der Nähe wurden evakuiert.

19. September 1980 – Bei Wartungsarbeiten in einem Silo (Launch Complex 374-7) einer LGM-25C Titan-II-Rakete nahe der Little Rock Air Force Base und nahe dem Ort Damascus (Faulkner County) im US-Bundesstaat Arkansas fiel einem Luftwaffentechniker ein Steckschlüssel in den Silo. Dieser traf die Rakete und verursachte ein Leck an einem unter Druck stehenden Treibstofftank. Die Raketenbasis und das umliegende Gebiet wurden geräumt. Achteinhalb Stunden später explodierten die Treibstoffdämpfe innerhalb des Silos; die Wucht der Explosion sprengte die zwei 740 Tonnen wiegenden Silodeckel ab und schleuderte den 9-Megatonnen-Sprengkopf 180 Meter weit. Ein Fachmann der Air Force starb, 21 weitere US-Air-Force-Angehörige wurden verletzt.

**Typen**

Start einer US-amerikanischen Interkontinentalrakete vom Typ Titan II aus einem Silo

## USA

- landgestützt:
    o CGM-16 *Atlas*
    o HGM-25A *Titan I*
    o LGM-25C *Titan II*
    o LGM-30A/B *Minuteman I*
    o LGM-30F *Minuteman II*
    o LGM-30G Minuteman III
    o LGM-118 *Peacekeeper*
    o MGM-134 *Midgetman* Small ICBM (nicht in Dienst gestellt)
- seegestützt:
    o UGM-27A *Polaris A-1*
    o UGM-27B *Polaris A-2*
    o UGM-27C *Polaris A-3*
    o UGM-73 *Poseidon C-3*
    o UGM-93 Trident I C-4
    o UGM-133 Trident II D-5

# UdSSR/Russland

Topol-M, eine ballistische Interkontinentalrakete bei der Vorbereitung zur Siegesparade in Moskau

- landgestützt: (Sowjetische Bezeichnung. Defense Intelligence Agency-, Nato-Code in Klammern).
    - *R-7* (SS-6, Sapwood)
    - *R-9* (SS-8, Sasin)
    - *GR-1* (SS-10 Scragg, nicht in Dienst gestellt)
    - *R-16* (SS-7 Saddler)
    - *R-26* (SS-8 Sasin, Verwechslung mit R-9, nicht in Dienst gestellt)
    - *R-36* (SS-9 Scarp)
    - *R-36-O* (SS-9 FOBS, orbitalfähige R-36)
    - R-36M „Voivode" (SS-18 Satan) (verschiedene Versionen)
    - *UR-100* (SS-11 Sego)
    - *UR-100MR* „Sotka" (SS-17 Spanker)
    - UR-100N bzw. RS-18 (SS-19 Stiletto)
    - *UR-200* (SS-X-10 Scragg, Verwechslung mit GR-1, nicht in Dienst gestellt)
    - *UR-500* „Proton" (nicht in Dienst gestellt)
    - *RT-1* (kein Nato-Code vorhanden, nicht in Dienst gestellt)
    - *RT-2* (SS-13 Savage)
    - *RT-20P* (SS-15 Scrooge)

- o *RT-21* „Temp-2S" (SS-16 Sinner)
  - o RT-2PM „Topol" (SS-25 Sickle)
  - o RT-2UTTH „Topol-M" (SS-27 Sickle-B), erster erfolgreicher Test der mobilen Ausführung am 24. Dezember 2004 in Plessezk
  - o RS-24 (SS-27 Mod-X-2)
  - o RT-23 „Molodets" (SS-24 Scalpel)
  - o *RSS-40* „Kuryer" (Nato-Code SS-X-26 ist obsolet, Projekt wurde aufgegeben)
- seegestützt:
  - o SS-N-4 Sark R-13
  - o SS-N-6 „Serb" R-27
  - o Wolna (Rakete) bzw. R-29 bzw. RSM-54 „Sinewa", SS-N-23 Skiff
  - o R-39 (SS-N-20 Sturgeon)
  - o Bulawa (SS-N-30)

## China

- landgestützt:
  - o *DF-3* (Projekt wurde aufgegeben)
  - o DF-5 (andere Bezeichnung CSS-4)
  - o *DF-6* (Projekt wurde aufgegeben)
  - o *DF-22* (andere Bezeichnung DF-14, Projekt wurde aufgegeben)
  - o DF-31 (andere Bezeichnung CSS-9)
  - o *DF-41* (andere Bezeichnung CSS-X-10, geplante Indienststellung 2010)

## Nordkorea:

- landgestützt:
  - o No-dong-B (vorläufige Bezeichnung)
  - o Taepodong-1
  - o Taepodong-2

- o NKSL-1 (Taep'o-dong-1 mit dritter Stufe, kann Satelliten in den Orbit bringen, vorläufige Bezeichnung)
  - o NKSL-X-2 (Taep'o-dong-2 mit dritter Stufe, kann Satelliten in den Orbit bringen, vorläufige Bezeichnung)

## Großbritannien

- (seegestützt, U-Boote):
  - o *Polaris* (SLBM) (US-Rakete mit britischen Sprengköpfen)
  - o Trident (SLBM) II (US-Raketen mit britischen Sprengköpfen)

## Frankreich

- (seegestützt, U-Boot):
  - o M-45
  - o *M-5* (nur geplant)
  - o *M 51*

## Indien

- landgestützt:
  - o *Agni* (in Entwicklung, erster erfolgreicher Test am 19. April 2012):

## Pakistan

- landgestützt:
  - o *Tipu* sultan babur badr

**Israel**

- land-/seegestützt:
    - 'Name nicht bekannt' (wird weiterentwickelt, ist einsatzbereit)

**Abrüstung**

- ABM-Vertrag
- START-Vertrag

**Nachfolger**

Vor einiger Zeit gab die britische Regierung die Weiterentwicklung der Trident-Interkontinentalraketen in Auftrag. In Zusammenarbeit mit dem US-amerikanischen Militär soll aus bereits getesteten Teilen der vorhandenen Raketen und Sprengköpfe eine neue Generation atomarer Waffen entstehen.

- Massenvernichtungswaffen der Welt Global Security (en). Sehr ausführlich
- Bulletin of the Atomic Scientists – Nuclear Notebook (umfangreiche Datensammlung zur internationalen Nuklearrüstung seit 1945)
- Missilethreat.com. News zum Thema, außerdem ausführliche Beschreibung verschiedener Raketentypen
- NRDC Archive of Nuclear Data. Viele wichtige Zahlen
- Atomstreitkräfte Russlands
- Raketenstartplätze UdSSR
- Analysen und Kommentare: Gegen Topol-M gibt es keine Raketenabwehr (RIA Nowosti, 16. Februar 2006)
- Interkontinentalraketen

# Kapitel 1: Interkontinentalraketen der USA

## Atlas (Rakete)

Atlas-A Interkontinentalrakete

Atlas-Agena B beim Start von Ranger 4

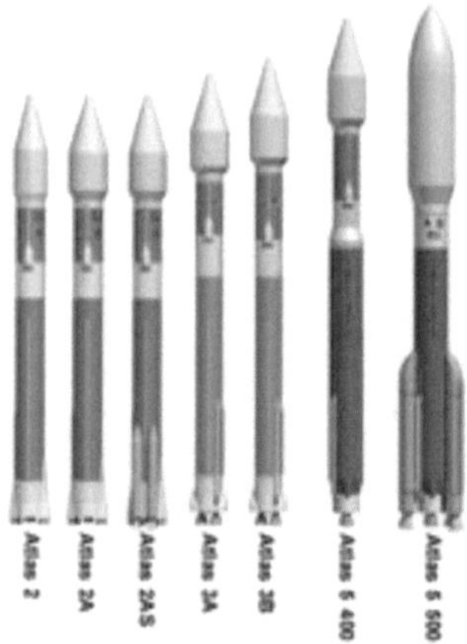


Entwicklungsstufen der Atlas von Atlas II bis Atlas V

Die **Atlas**, einstmals entwickelt als ballistische Interkontinentalrakete, ist eine Trägerrakete, die vor allem in den 1960er Jahren beim Mercury- und Gemini-Programmen eingesetzt wurde. Weiterentwicklungen der Atlas-Rakete sind auch heute noch als Trägerraketen für Satelliten und Raumsonden im Einsatz.

## Geschichte

### Interkontinentalrakete

Die Entwicklung der Atlas begann im März 1946, als die Firma Consolidated Vultee Aircraft Corporation mit dem Bau einer Interkontinentalrakete mit einer Reichweite von 8000 km beauftragt wurde (Projekt MX-774 oder Hiroc). Das Projekt wurde aber nach kurzer Zeit aufgrund von Geldmangel beendet, jedoch 1951 angesichts der sowjetischen Aufrüstung wiederbelebt (als Projekt MX-1593 oder Atlas). Der erste Start einer Atlas fand am 11. Juni 1957 statt. Aufgrund eines Fehlers im Treibstoffsystem musste die Rakete aber 51 Sekunden nach dem Start zerstört werden. So blieb der erste erfolgreiche Flug einer Interkontinentalrakete der Sowjetunion vorbehalten.

Die U.S. Air Force zog aber noch im selben Jahr, am 17. Dezember 1957, mit dem ersten geglückten Flug der Atlas A nach. Ein Jahr später absolvierte die Atlas B am 29. November 1958 den ersten Flug über die volle Distanz. Im selben Jahr wurde beschlossen, die Atlas als Trägerrakete für das Mercury-Programm zu benutzen. Im September 1959 nahmen die ersten Atlas D den Truppendienst auf. Im Mai 1960 stellte die Atlas D mit einer Flugstrecke von fast 14.500 km den bis dato gültigen Rekord für den weitesten bekannten Flug einer Interkontinentalrakete auf. Aufgrund ihrer hohen Reaktionszeit wurde die Atlas schon 1965 außer Dienst gestellt. Sie wurde durch die militärisch geeigneteren Interkontinentalraketen Minuteman und Titan II abgelöst. Ausgemusterte Interkontinentalraketen vom Typ Atlas wurden bis in die 1990er als Trägerraketen für kleine Nutzlasten eingesetzt.

**Modelle:**

- **Atlas A**: Entwicklungsmodell mit nur zwei Triebwerken, geringer Treibstoffladung, sehr einfachem Steuerungssystem und Raketenspitzenattrappe
- **Atlas B**: Entwicklungsmodell mit Antrieb nahe an der späteren Einsatzkonfiguration und abtrennbarer Spitze; die 10. Rakete dieser Serie brachte den ersten Kommunikationssatelliten Score in den Orbit
- **Atlas C**: Entwicklungsmodell nahe an der Einsatzkonfiguration
- **Atlas D** (Atlas LV-3B): erstes Einsatzmodell mit Radio-Inertialer-Lenkung; Erstflug April 1959; erster Stationierungsort Vandenberg Air Force Base ab September 1959 horizontal in Bunkern; Sprengkopf W-49 in Mk.2/3 RV (1,44 MT);

ausgemustert 1965; Verwendung für Mercury Programm der NASA
- **Atlas E**: Einsatzmodell mit inertialer Steuerung, verbessertem Betankungssystem und verbessertem Antrieb; Stationierung ab 1961 horizontal in Bunkern; Sprengkopf W-47 in Mk.4 RV (3,75 MT); ausgemustert 1965, bis 1995 mit einer oder mehreren Feststoffoberstufen als Trägerrakete eingesetzt
- **Atlas F**: stark verbessertes Modell, Stationierung in Silos ab 1962; Sprengkopf W-47 in Mk.4 RV (3,75 MT); ausgemustert 1965; bis 1981 mit einer oder mehreren Feststoffoberstufen als Trägerrakete eingesetzt

**Raumfahrt-Trägersystem 1. Generation**

Nach dem ersten Start einer umgebauten Atlas-B als Satellitenträger, versuchte man die Fähigkeit der Atlas Rakete für schwerere Nutzlasten auszunutzen. Dazu stattete man die Atlas-C mit einer Able Oberstufe und Altair Drittstufe jeweils aus der Vanguard Rakete aus und versuchte mit dieser Kombination eine 175 kg schwere Sonde in eine Transferbahn zum Mond zu bringen. Von dieser als **Atlas-Able** bekannten Version wurden nur vier Stück gebaut, von denen drei zwischen dem 15. November 1959 und 15. Dezember 1960 gestartet wurden. Alle drei Raketen versagten, wobei die vierte erst gar nicht gestartet wurde, da sie bei einem Test bereits auf der Startrampe explodierte.

Für das Mercury-Programm wurden ausgemusterte Atlas-D verwendet. Der erste Start einer solchen **Mercury-Atlas**-Rakete fand am 29. Juli 1960 statt, schlug jedoch fehl. Nach fast eineinhalb Jahren und weiteren Teststarts wurde am 29. November 1961 der Affe Enos erfolgreich mit der Mercury Atlas 5 in einen Orbit gebracht und bestand damit erfolgreich die Generalprobe für den ersten bemannten Flug. Diesen absolvierte John Glenn am 20. Februar 1962 im Rahmen der Mercury 6 Mission und wurde damit zum ersten

Amerikaner in einem Orbit. Auch die drei darauf folgenden Mercury-Missionen wurden mit einer Atlas-Rakete durchgeführt.

Die Atlas mit der Agena-Oberstufe startete seit 1960 zahlreiche militärische und NASA-Nutzlasten. Auch beim Gemini-Programm beförderten die **Atlas-Agena** ihre Agena-Oberstufe in den Orbit, die dort den bemannten Gemini-Raumschiffen als Andockziel diente. Von dieser Version gab es sechs Varianten (Atlas LV-3A Agena A, Atlas LV-3A Agena B, Atlas LV-3 Agena D, Atlas SLV-3 Agena D und Atlas SLV-3A Agena D) die sich in der eingesetzten Basis- und Oberstufe unterschieden.

Zur selben Zeit, als von der USAF die Atlas-Agena A entwickelt wurde, hatte die NASA ein Entwicklungsprogramm für eine *Atlas-Vega* mit höherer Leistung zum Start von Satelliten und Raumsonden. Die Atlas-Vega hätte drei Stufen für den Start in höhere Umlauf- und Fluchtbahnen gehabt. Bei Starts in erdnahe Umlaufbahnen sollten nur die ersten beiden Stufen verwendet werden. Die erste Stufe wäre dieselbe Version der Atlas D wie für die Atlas-Centaur gewesen, die zweite Stufe sollte von Convair mit derselben Tank Technologie wie die Atlas gebaut werden und hätte ein modifiziertes General Electric Triebwerk der Vanguard-Erststufe gehabt . Die dritte Stufe, namens Vega, wurde vom JPL entwickelt. Die Entwicklung der Atlas-Vega wurde eingestellt, als die USAF die gleich leistungsfähige Atlas-Agena-B entwickelte . Die Atlas-Vega kam nie zum Einsatz.

Die Atlas-Rakete wurde in Verbindung mit der Centaur-Oberstufe auch zum Start der Surveyor-Mondsonden, Mariner 9, Pioneer-Venus, Pioneer 10 und 11 eingesetzt. Außerdem startete diese als **Atlas-Centaur LV-3C** genannte Version kommerzielle und militärische Kommunikationssatelliten in den Geotransferorbit. Auch von dieser Rakete gab es mehrere Versionen. Bei der Originalversion LV-3C kam eine Atlas-D mit einer Centaur-C Oberstufe zum Einsatz. Später folgten die Versionen Atlas SLV-3C Centaur D, Atlas SLV-3C Centaur D1A und Atlas SLV-3C Centaur D1AR, wobei

Anfangs bei Tests und später bei einigen Starts auch frühere Versionen der Centaur bzw. zusätzliche Kickstufen zum Einsatz kamen. Vornehmlich vom Militär wurde auch eine Atlas-Rakete mit einer kleineren Festtreibstoff-Oberstufe genutzt. Diese brachte NOAA-Wettersatelliten und militärische Nutzlasten von Vandenberg AFB aus in einen polaren Orbit.

**Raumfahrt-Trägersystem 2. Generation**

In den 80er Jahren konnte die Atlas mit den gestiegenen Nutzlastanforderungen nicht mehr mithalten, wobei ihr gleichzeitig die Ariane- und die Delta-Raketen Konkurrenz machten. So entschloss man sich auf Basis der Atlas Centaur D-1AR zu einer Verstärkung der Basisstufe, welche um drei Meter verlängert wurde und so 17 Tonnen mehr Treibstoff fassen konnte. Diese als **Atlas G Centaur** bezeichnete Version startete am 9. Juni 1984 zu ihrem Erstflug, wobei der Intelsat V F-9 Satellit aufgrund eines Fehlers in der Centaur Oberstufe seinen Orbit nicht erreichte und einige Monate später verglühte. Insgesamt wurde diese Version bis 1989 sieben Mal eingesetzt. Auf Basis dieser Rakete entstand auch die fünfmal für den Start von militärischen Funkaufklärungssatelliten genutzte **Atlas H**, welche aus der Basisstufe der Atlas G ohne die Centaur Oberstufe bestand.

Als nach der Challenger-Katastrophe klar wurde, dass man ein unbemanntes Trägersystem zum Starten von Kommunikationssatelliten und mittelschweren militärischen Nutzlasten brauchte (Titan IV übernahm die schweren, Delta II die leichteren Nutzlasten), wurde 1990 die größtenteils auf der Atlas G basierte **Atlas I** eingeführt. Gleichzeitig wurde das Entwicklungsrisiko von der NASA auf den privaten Hersteller übertragen. Von nun an wurde die Entwicklung der Rakete nicht mehr von der NASA finanziert, sondern wurde indirekt durch das Buchen von mehreren Raketen des zu entwickelnden Typs durch die NASA und das Verteidigungsministerium subventioniert. Hauptänderung gegenüber der Atlas G war die Ausstattung mit digitaler statt analoger Steuerungssysteme. Der erste von elf Starts erfolgte am 25. Juli 1990, der letzte am 25. April 1997. An den drei Fehlstarts war zweimal die Turbopumpe der Centaur Oberstufe und einmal eine Leistungsminderung der Basisstufe schuld.

Ein Jahr später folgte die stark überarbeitete, größere und etwas stärkere **Atlas II**. Sie verfügte über verbesserte Triebwerke in der ersten Stufe, strukturelle Verstärkungen und einige Vereinfachungen im Aufbau, was die Zuverlässigkeit der Rakete stark verbesserte. Es folgten die kommerzielle Variante Atlas IIA, die eine verbesserte Centaur-Stufe verwendete und die Atlas IIAS, die zudem über vier Castor-IVA-Feststoffbooster als Starthilfe verfügte und so die Nutzlast auf 8,6 t (LEO) bzw. 3,63 t (GTO) steigerte. Die Atlas II flog in den Jahren 1991 bis 2004 63 Einsätze, die sämtlich erfolgreich verliefen.

Die zunächst als eine Weiterentwicklung der Atlas II geplante **Atlas III** (frühere Bezeichnung Atlas IIAR) wurde nach dem Beschluss, die Atlas V zu entwickeln, als eine Übergangslösung zur Atlas V angesehen. Sie sollte einen Großteil von neuen Technologien testen, die in der späteren Atlas V zum Einsatz kommen sollten. Die Atlas IIIA verwendete als erste US-amerikanische Rakete ein russisches RD-180-Haupttriebwerk, das von dem Triebwerk der Zenit-Rakete abgeleitet wurde. Durch den sehr viel höheren Schub des RD-180 konnte die Rakete schwerer werden, dazu wurden die Tanks erheblich verlängert, um mehr Treibstoff aufzunehmen. Allerdings arbeitete das regelbare Triebwerk beim Start trotz des höheren Gewichtes nur mit 74 % seiner voller Leistung, da sonst die Struktur der Rakete überlastet würde wobei zwischenzeitlich auch Beschleunigungswerte über 5g erreicht werden. Am 24. Mai 2000 startete die erste Atlas IIIA, am 21. Februar 2002 die erste Atlas IIIB. Die Centaur der Atlas III war so ausgelegt, dass sie wahlweise mit einem (IIIA) oder zwei (IIIB) RL-10-Triebwerken und entsprechend kürzerem oder längerem Tank angetrieben werden konnte (SEC = Single Engine Centaur, DEC = Dual Engine Centaur). Diese Technik kommt auch in der Atlas V zum Einsatz. Da die Atlas III nur eine Übergangslösung war, wurde ihre Produktion nach der Einführung der Atlas V wieder eingestellt. Sie absolvierte zwischen Mai 2000 und Februar 2005 lediglich sechs Starts (zwei IIIA und vier IIIB), die alle erfolgreich verliefen.

Alle Atlas-Raketen der zweiten Generationen wurden mit Centaur-Oberstufen ausgestattet. Da die Stufe standardmäßig zur Rakete gehörte, wurde ihr Einsatz nicht mehr wie bei der Atlas-Centaur der ersten Generation besonders gekennzeichnet.

## Weiterentwicklung

Als Weiterentwicklung entstand die **Atlas V**, die 2002 ihren Erstflug absolvierte und aufgrund der großen Unterschiede in einem eigenen Artikel beschrieben wird. Eine Atlas IV gab es nicht, vermutlich wurde diese Ziffer übersprungen, um nicht mit der Titan IV verwechselt zu werden, die ebenfalls vom gleichen Hersteller kommt.

## Technik

Die Atlas der ersten Generation wog bei einer Höhe von 29,1 Metern etwa 116 Tonnen und konnte damit eine Nutzlast von 1,4 Tonnen transportieren. Sie wurde in einer 1,5-stufigen Bauweise gefertigt und bestand aus einem Haupt- und zwei zusätzlichen Starttriebwerken, wobei Letztere nach ca. 130 s abgeworfen wurden, während das Haupttriebwerk weiterarbeitete. Dieses ungewöhnliche, in den 1950ern entwickelte Stufenkonzept folgte aus der Befürchtung heraus, ein Raketentriebwerk könnte im Vakuum des Weltraums eventuell nicht zuverlässig gezündet werden können. Deshalb wählte man ein Konzept, bei dem alle drei Triebwerke bereits am Boden zünden. Alle Triebwerke wurden aus denselben Tanks versorgt. Die silbrige Außenhaut bestand aus Edelstahl und musste aufgrund ihrer nur ein Millimeter dicken Wand beim Leertransport auf der Erde durch Innendruck versteift werden. Der Treibstoff wurde im Rumpf, d. h. nicht in zwei separaten Tanks sondern in einem Tank mit einem isolierten Zwischenboden transportiert. Durch diese Konstruktionsweise zeichnete sich die Atlas durch ein extrem niedriges Leergewicht aus. Das Haupttriebwerk wurde schon beim Start gezündet und brannte insgesamt 402 Sekunden lang, wobei es am Anfang 131 Sekunden lang von den beiden Starttriebwerken unterstützt wurde. Der Treibstoff bestand aus Kerosin, welches unter einem Druck von 4,2 bar stand, und Sauerstoff, der mit 2,1 bar komprimiert wurde. Die Atlas würde von Convair gefertigt, die drei Triebwerke wurden als Block von North American Aviation zugeliefert und mit der Zeit in der Leistung gesteigert. Ab der Atlas III wechselte man jedoch auf ein Russisches Triebwerk mit zwei Brennkammern und deutlich höherem Spezifischen Impuls und Schubkraft.

## Titan (Interkontinentalrakete)

Die **Titan I** und **Titan II** waren Interkontinentalraketen (ICBMs) der USA und dem Strategic Air Command (SAC) unterstellt. Die 1962 bis 1965 stationierte Titan I (SM-68; HGM-25A) war die erste echte zweistufige Großrakete der USA. Die 1963 bis 1987 stationierte Titan II (SM-68B, LGM-25C) war die schwerste je von den USA in Dienst gestellte ICBM und die letzte, die flüssige Treibstoffe verwendete. Ausgemusterte Titan-II-Raketen wurden zwischen 1988 und 2003 als Trägerraketen für Satelliten und Raumsonden genutzt.

Die Titan Raketenfamilie im Überblick

# Beginn der Entwicklung

Eine Titan I startet zu einem Testflug von Cape Canaveral, Florida

Im Juli 1954 wurde von einem Beraterkomitee der US Air Force
(USAF) vorgeschlagen, ein zweites Interkontinentalraketenpro-
gramm parallel zum Atlas-Programm von Consolidated Vultee Aircraft Corporation zu beginnen. Dieses neue Programm sollte ein
alternatives Design zur Atlas-Rakete darstellen und eine echte zweistufige Rakete sein. Durch Fortschritte in der Raketentechnik hielt
man zu diesem Zeitpunkt eine echte zweistufige Rakete für technisch machbar und versprach sich von einem solchen Design Vorteile in Hinsicht auf Nutzlast und Reichweite. Weiterhin konnte
man eine solche Rakete in ihre beiden Stufen zerlegt transportieren,
was Vorteile bei der Stationierung in Hinsicht auf das Straßennetz
in den USA hatte. Im April 1955 wurde das Projekt von der USAF
genehmigt, mit der Bedingung, dass sich der Produktionsstandort
im Binnenland der USA befinden müsse, um eine weitere Konzen-
tration von Rüstungsbetrieben in Küstennähe zu verhindern. Die
Ausschreibung der USAF forderte, eine Rakete, welche einen thermonuklearen Sprengkopf mit einem Gewicht von rund 1,5 Tonnen
über 9.000 km befördern konnte und einen Streukreisradius von
weniger als neun Kilometern hat. Weiterhin sollte die Rakete eine
möglichst geringe Reaktionszeit besitzen. Drei Firmen nahmen an
der Ausschreibung Teil: Douglas Aircraft, Martin Company und
Lockheed Aircraft. Die Martin Company bekam den Zuschlag und
am 27. Oktober 1955 wurde der Vertrag zur Entwicklung, Bau und
Testen einer als XSM-68 bezeichneten zweistufigen Rakete unter-
schrieben. Weiterhin sollte die Martin Company ein Programm zur
kompletten Entwicklung des Waffensystems WS 107-A2 Titan
entwerfen. Am 6. März 1956 wurde der Grundstein für das neue
Werk der Martin Company in Littleton (Colorado) gelegt. Die
Triebwerke für die Titan I wurden von Aerojet entwickelt. Das radio-inertiale Steuerungssystem, welches zuerst für die Atlas-Rakete
vorgesehen war, wurde von Bell Telephone Laboratories entwickelt. Gegen Ende des Jahres 1962 bekam die Rakete allerdings wieder ein inertiales Steuerungssystem von AC Spark Plug, einer Ab-

teilung von General Motors. Der Wiedereintrittskopf wurde von AVCO entwickelt. Die erste Titan-Rakete wurde von der USAF am 8. Juni 1958 übernommen.

**Testprogramm der Titan I**

Die Titan I wurde in acht Produktionslosen hergestellt, wobei es sich bei den ersten sieben Losen um verschiedene Entwicklungsvarianten handelte und beim achten Los um die operativen Raketen.

- Los A – nur aktive Erststufe, Zweitstufe ohne Triebwerke und mit Wasserfüllung
- Los B – Exemplare zum Test der Stufentrennung, nur kurzes Zünden der zweiten Stufe
- Los C – beide Stufen aktiv, limitierte Reichweite
- Los G – beide Stufen aktiv, erhöhte Reichweite
- Los J – Prototypen der operativen Raketen
- Los M – Modelle zum Testen des inertialen Steuerungssystems der Titan II
- Los V – Sondermodelle für OSTF/SLTF Tests
- Los SM – operative Raketen

Insgesamt wurden 163 Raketen produziert, davon 62 für das Testprogramm und 101 als operative Raketen SM-68A Titan I. Die Raketen des ersten Loses verfügten über eine voll funktionsfähige erste Stufe und eine Zweitstufenattrappe. Für das Testflugprogramm auf der Cape Canaveral Air Force Station war die Martin Company und die 6555. Test Wing der USAF verantwortlich. Die Tests von Cape Canaveral an der amerikanischen Ostküste dienten dem ersten Erfahrungsgewinn mit dem neuen Raketensystem, seinen genauen Flugeigenschaften und der Handhabung am Boden. Genutzt wurden die Rampen 15, 16, 19 und 20. Der erste Start fand am 6. Februar 1959 von Rampe 15 statt und verlief erfolgreich, wie auch die nächsten drei Flüge mit passiver Zweitstufe. Am 14. August 1959 schlug der erste Versuch eines Teststarts mit Zündung der zweiten Stufe fehl. Am 2. Februar 1960 gelang der erste Flug mit Zündung der Zweitstufe. Am 10. August 1960 flog eine Titan I zum ersten Mal über eine Distanz von 5.000 nm (9260 km).

Für die operativen Flugtests war die Vandenberg AFB in Kalifornien vorgesehen. Seit 1958 wurde dort an der Operational Suitability Test Facility (OSTF) gearbeitet. Diese Anlage sollte die ersten Erfahrungen mit der Handhabung von Titan-Raketen in ihren Silos und dem Start daraus erbringen. Die OSTF entsprach noch nicht der geplanten Silokonfiguration für die Stationierungsstandorte, war dieser aber sehr ähnlich. Nach dem Betanken der Rakete im Silo sollte ein großer hydraulischer Aufzug die Rakete aus ihrem Silo heben und diese anschließend abgefeuert werden. Bei einem Betankungstest am 3. Dezember 1960 wurde die Rakete aus dem Silo gefahren und sollte anschließend wieder abgesenkt werden, dabei versagte der hydraulische Lift und die Rakete sackte voll betankt unkontrolliert im Silo ab. Bei der anschließenden Explosion wurde die Anlage komplett zerstört. Auf einen Wiederaufbau wurde verzichtet. Am 3. Mai 1961 erfolgte der erste Start einer Titan I von Vandenberg von der Silo Launch Test Facility (SLTF). Eine speziell für diesen Start modifizierte Rakete wurde, anders als die später operativen Titan I im Silo gestartet. Dieser Test bildete die Grundlage für das spätere Stationierungskonzept der Titan II und blieb der einzige Im-Silo-Start einer Titan I. Am 23. September 1961 erfolgte der erste Start einer Titan I von der nun fertiggestellten Titan I Training Facility (TF-1; Startkomplex 395-A1; -A2; A3) in Vandenberg, welche den operativen Silos entsprach. Am 29. Januar 1962 endete das Testflugprogramm der Titan I auf der Cape Canaveral AFS in Florida. Danach wurden nur noch operative Tests von der Vandenberg AFB durchgeführt, welche mit dem Ende des Titan-I-Programms 1965 endeten. Insgesamt gab es 47 Titan-I-

Entwicklungsflüge, davon 32 erfolgreich, zehn teilweise erfolgreich und fünf Fehlschläge.

## Stationierung der Titan I

Titan-I-Raketen wurden in Raketenkomplexen stationiert, von denen jeweils drei eine Strategic Missile Squadron (SMS) bildeten. Die USAF verlangte zuerst nach elf SMS, zwischenzeitlich war sogar eine Streichung bis auf eine SMS bzw. die komplette Streichung des Programmes wegen dessen hoher Kosten im Gespräch. Schließlich wurden 54 Raketen in sechs SMS stationiert. Die Standorte für Titan-I-Raketen waren die Lowry AFB (2 SMS), Mountain Home AFB, Beale AFB, Larson AFB und Ellsworth AFB. Die Siloanlagen auf der Vandenberg AFB konnten ebenfalls in Alarmzustand versetzt werden, jedoch dienten sie mit Ausnahme eines kurzen Zeitraumes während der Kubakrise nur Trainingszwecken.

Die komplett unterirdisch gelegenen Raketenkomplexe bestanden aus jeweils drei Silos, einem Startkontrollzentrum und einem Maschinenhaus, welche über Tunnel miteinander verbunden waren. Die Anlagen besaßen ihre eigene Energie- und Wasserversorgung. Der Mindestabstand zwischen zwei Silokomplexen lag bei etwa 32 km. Die Silos waren dazu ausgelegt, einem Überdruck durch eine Kernexplosion von bis zu 700 kPa (100 psi) zu widerstehen. Für einen Start musste die Rakete im Silo mit flüssigen Sauerstoff betankt werden. Danach öffneten sich zwei je 125 t schwere Tore über dem Silo und die Rakete wurde an die Oberfläche gehoben. Parallel wurden ebenfalls durch Betondeckel geschützte Radar- und Antennenanlagen ausgefahren, welche für die Radio-inertiale Steuerung der Rakete dienten. Die gesamte Startprozedur von der Erteilung des Startbefehls bis zum Abschuss an der Oberfläche dauerte etwa 15 bis 20 Minuten.

Die ersten Titan I wurden am 18. April 1962 auf der Beale AFB in Alarmzustand versetzt. Im Mai 1963 akzeptierte die USAF die Empfehlung zwischen 1965 und 1968 alle Titan-I- und Atlas-Raketen außer Dienst zu stellen. Im November 1964 gab US-Verteidigungsminister Robert McNamara die Ausmusterung aller Atlas- und Titan-I-Raketen bis Juni 1965 bekannt. Die letzte Titan I wurde im April 1965 außer Dienst gestellt. Im Gegensatz zu ausgemusterten Titan-II- und Atlas-Raketen wurden keine Titan I zu Satellitenträgern umgerüstet, alle Raketen wurden verschrottet oder Museen übergeben. Die Titan I war zwischenzeitlich für das suborbitale Testprogramm des Dynasoar-Programmes der USAF im Gespräch, jedoch kam es nicht zu dessen Umsetzung.

## Entwicklung der Titan II

Eine Titan II startet aus einem Silo der Vandenberg AFB, Kalifornien

Im Juli 1958 untersuchte die USAF mögliche Veränderungen im Titan-I-Programm. Sowohl die hohen Kosten, als auch die hohe

Reaktionszeit stellten ein Problem für die USAF dar und man gab
Empfehlungen für die Vereinfachung und dadurch Kostenreduzie-
rung des Titan-Programms. So sollte die Rakete auf In-Silo-Starts
umgerüstet werden, ein inertiales Steuerungssystem bekommen,
lagerfähige Treibstoffe verwenden und ein 1x9-
Stationierungskonzept eingeführt werden (neun einzelne Silos in
einer SMS). Im April 1960 wurde der erste Entwicklungsplan veröf-
fentlicht, der die Titan II enthielt. Die neue Rakete sollte weit weniger komplex zu handhaben sein, mehr Schub entwickeln, eine vergrößerte Zweitstufe, sowie eine vergrößerte Nutzlast und
Reichweite besitzen. Mit dem Sprengkopf der Titan I sollte die Rakete eine Reichweite von rund 15.000 km besitzen und mit einem
eigens zu entwickelnden größeren Sprengkopf eine Reichweite von
etwa 10.000 km. Die Entwicklung neuer Triebwerke für die Titan II
begann noch parallel zur Triebwerksentwicklung für die Titan I bei
Aerojet. Die Entwicklung des In-Silo-Startkonzeptes begann 1959.
Die USAF griff hierbei auf Erfahrungen der britischen Royal Air
Force zurück, welche dieses Konzept für ihre Mittelstreckenrakete
Blue Streak entwickelt hatte. Der Titan-I-Start aus der SLTF im
Mai 1961 wies die Tauglichkeit des Konzepts für die in Entwicklung befindliche Titan II nach.
Das Testflugprogramm während der Entwicklung der Titan II wurde von normalen Startrampen von der Cape Canaveral AFB in Florida (23 Starts) und Silos auf der Vandenberg AFB (neun Starts)
zwischen 1962 und 1964 durchgeführt. Die Entwicklungsmodelle
wurden als N-Serie bezeichnet, die späteren operativen Raketen als
B-Serie. Für die Testflüge wurden die Rampen 15 und 16 in Florida
von der Titan I auf die Titan II umgerüstet. Am 16. März 1962 startete die erste Titan II von Florida. Im Gegensatz zum Testprogramm
der Titan I, waren bei der Titan II von Anfang an beide Stufen funk-
tionsfähig. Während des Testprogramms traten in der ersten Stufe
starke Vibrationen auf, diese führten unter anderem zum frühzeiti-
gen Abschalten der ersten Stufe bei einem Testflug am 6. Dezember

1962, dem einzigen Flug einer Titan II mit dem Mk.4-Sprengkopf
der Titan I. Martin-Marietta testete verschiedene Lösungen zur Ver-
ringerung der Vibrationen. Beim Testflug am 1. November 1963
konnten die Schwingungen schließlich auf ein erträgliches Maß
reduziert werden, das auch für die Verwendung als bemannte Trägerrakete für das Gemini-Programm der NASA akzeptabel war. Auf
der Vandenberg AFB wurden die Silos 395-B, 395-C und 395-D
errichtet. Am 27. April 1963 startete die erste Titan II aus einem
Silo auf der Vandenberg AFB. Die Rakete verließ das Silo erfolgreich, allerdings löste sich ein Verbindungskabel nicht richtig von
der Rakete, wodurch das Steuerungssystem der Rakete glaubte, diese befinde sich noch im Silo. Die zweite Stufe der Rakete fiel mit-
samt des Sprengkopfes (ohne nukleares Material) in den Pazifischen
Ozean. Der Sprengkopf wurde in einer aufwendigen Aktion von
Tauchern geborgen. Der erste komplett erfolgreiche Start aus einem
Silo erfolgte am 27. April 1963. Insgesamt wurden 33 Raketen für
das Entwicklungsprogramm gebaut. Davon wurden 32 für Testflüge
eingesetzt und eine Rakete wurde dauerhaft auf der Sheppard AFB
für Trainingszwecke verwendet. Diese Rakete befindet sich heute
im Titan Missile Museum in Arizona.
Im ersten Jahr der Stationierung traten an vielen Raketen in ihren
Silos vermehrt Oxidator-Lecks auf. Diese wurde durch Mikrofrak-
turen verursacht, durch die geringe Mengen Oxidator austraten und
mit Luftfeuchtigkeit in Silos zu Salpetersäure reagierten wodurch
eine beschleunigte Korrosion einsetzte. Dieses Problem fiel während des Entwicklungsprogramm der Rakete nicht auf, da es währenddessen zu keiner längeren Lagerung der Raketen mit Treibstoff
an Bord in ihren Silos kam. Die Raketen wurden wenn möglich im
Silo ausgebessert, falls dies nicht möglich war wurden sie in das
Werk nach Colorado transportiert und dort repariert.

## Stationierung der Titan II

Eine Titan II mit dem Mk.6/W-53-Sprengkopf an der Spitze in ihrem Silo

Die Titan II wurde anders als die Titan I in Raketenkomplexen mit jeweils einer Rakete stationiert. Jeder Komplex bestand aus dem Raketensilo mit der Titan II und einem Startkontrollzentrum. Das Silo wurde von einer 740 t schweren Betonabdeckung geschützt, welche vor einem Start hydraulisch zur Seite gefahren würde und die Rakete freigab. Zwischen Silo und Kontrollzentrum befand sich das Zugangsportal zum Komplex mit Fahrstuhl und einer Explosionsschutzstruktur, welche im Falle einer Explosion (an der Oberfläche oder im Silo) das Startkontrollzentrum schützen sollte. Sie bestand aus zwei Schleusen mit jeweils zwei 3 t schweren hydraulisch bewegten Türen. Die Raketenkomplexe waren bis zu einem Überdruck von 2100 kPa (300psi) geschützt und hatten einen Abstand von etwa 13 bis 18 km zueinander. Ihr Bau dauerte jeweils etwa zwei Jahre.

Auf jeden Komplex hatten Mannschaften von jeweils vier Soldaten für 24 Stunden Bereitschaft. Die Crews bestanden aus zwei Offizieren, einem Raketenkomplextechniker und einem Raketentechniker. Neun dieser Raketenkomplexe bildeten eine SMS, von denen jeweils zwei an den drei operativen Basen zu ein Strategic Missile Wing (SMW) zusammengefasst wurden. Stationiert wurden die SMW an der Little Rock AFB (Arkansas), Davis-Monthan AFB (Arizona) und McConnell AFB (Kansas), was 54 Raketen entspricht. Die erste Titan II wurde am 15. April 1963 in Alarmzustand versetzt. Ende Dezember 1963 waren alle 54 Raketen an den drei operativen Basen im Dienst. Sie repräsentierten zu diesem Zeitpunkt etwa 27 % der Sprengkraft des amerikanischen strategischen Kernwaffenarsenals. Zwischen 1967 und 1969 standen weiterhin zwei Raketen in den Startkomplexen der Vandenberg AFB in Gefechtsbereitschaft, solange die Silos nicht für Trainingsflüge benötigt wurden.

Für Trainingsflüge wurde per Zufallsprinzip eine stationierte Rakete ausgewählt und durch eine eingelagerte Rakete ersetzt. Die ausgewählte Rakete wurde zur Vandenberg AFB transportiert. Dort wurde sie in eines der dortigen Silos installiert. Es wurden die Originalsprengköpfe der stationierten Raketen auf den Trainingsflügen verwendet, allerdings ohne die nuklearen Komponenten. Bei Testflügen mit einer Höhenzündung (Air Burst) des Sprengkopfes enthielt dieser auch den hochexplosiven Sprengstoff, welcher die Kernladung zünden sollte. Für Missionen mit Kontaktzündung (Ground Burst) befand sich eine spezielle Trefferset an Bord, um die genaue Flugbahn vor dem Aufschlag zu bestimmen. Der Start wurde entweder von Mannschaften der 395th SMS der Vandenberg AFB durchgeführt oder durch eine Crew der drei operativen SMWs. Ursprünglich plante das SAC auch den Test einer Rakete mit einem echten Sprengkopf vergleichbar dem Test Frigate Bird mit einer Polaris-A1 durch die US Navy im Jahr 1962. Der zwischen der USA und der UdSSR 1963 geschlossene Vertrag, welcher Kernwaffentests in der Atmosphäre verbietet, verhinderte dies aber. Ebenfalls wurde ein Testflug von der Davis-Monthan AFB 1963 wegen Protesten durch die Regierung des Staates Arizona, der umliegenden Counties sowie Mexikos gestrichen. Die Testflüge nach 1969 wurden bis auf den letzten Flug von der US Army für die Entwicklung der Raketenabwehr der USA finanziert. So wurde die Fähigkeit zur Erfassung anfliegender Sprengköpfe mit Radar überprüft oder die Titan dienten als Ziel für das Nike-Zeus-Raketenabwehrsystem.

Die Lebensdauer des Titan II Programmes war ursprünglich auf 5 Jahre ausgelegt. Letztendlich wurden es 24 Jahre. Am 24. April 1981 gab die Reagan-Regierung bekannt, dass man die Titan II außer Dienst stellen werde. Zu diesem Zeitpunkt standen noch 52 Titan II in Dienst von den insgesamt 1052 landgestützten Interkontinentalraketen der USA zu jenem Zeitpunkt. Die Deaktivierung begann im September 1982 auf der Davis-Monthan AFB und wurde am 5. Mai 1987 auf der Little Rock AFB beendet. Nach der Deaktivierung wurden die Raketenkomplexe entkernt, das Silo gesprengt und die Zugänge versiegelt und abgedeckt.

Titan II Raketenstufen auf der Davis-Monthan AFB im Jahr 2006

Es wurden 108 Titan-II-Raketen für das operative Programm zwischen Juni 1963 und Juni 1967 gebaut. Zwischen 1965 und 1976 wurden 49 dieser Raketen von der Vandenberg AFB für Trainings- und Entwicklungszwecke gestartet. Zwei Raketen wurden durch Unfälle zerstört. Nach der Ausmusterung der Titan II wurden 39 Raketen auf der Davis-Monthan AFB eingelagert und 14 Raketen für das Titan II SLV Trägerraketenprogramm ausgewählt. Drei weitere Raketen wurden Museen übergeben.

## Technik der Titan-Raketen

Ein Aerojet LR87-AJ3 Triebwerk der Titan I Erststufe

Die Titan I und II waren zweistufige Raketen mit flüssigen Treibstoffen. Die Titan I verwendete RP-1 (eine kerosinähnliche Substanz) als Treibstoff und flüssigen Sauerstoff als Oxidator in beiden Stufen. Da der flüssige Sauerstoff auf -183 °C gekühlt werden muss, konnte er nicht dauerhaft in den Raketen gelagert werden. Daher mussten die Raketen vor dem Start betankt werden. Die Struktur der beiden Stufen waren im Gegensatz zu den Ballontanks der Atlas-Rakete selbsttragend. Die erste Stufe der Titan I nutzte ein von Aerojet entwickeltes LR87-AJ3-Triebwerk mit zwei Brennkammern. Der Schub dieses Triebwerkes in Meereshöhe lag bei 1.296 kN. Das Aerojet-Triebwerk LR-91-AJ3 mit einer Brennkammer der zweiten Stufe lieferte 356 kN Schub im Vakuum. Das Triebwerk der ersten Stufe wurde vollständig regenerativ gekühlt, während die Düse der Zweitstufentriebwerkes ablativ gekühlt wurde, da die große Düse dieses Triebwerkes eine regenerative Kühlung schwierig gestaltete. Die zweite Stufe war weiterhin mit zwei kleinen Veniertriebwerken für Kurskorrekturen nach dem Abschalten des Haupttriebwerkes ausgestattet. Die Titan I sollte ursprünglich mit einem inertialen Steuerungssystem der Bosch Arma Corporation ausgestattet werden. Dieses System wurde aber im März 1958 zum Atlas Programm transferiert und die Titan I mit dem radio-inertialen System von Bell Telephone Laboratories ausgestattet. Bei einem radio-inertialen Steuerungssystems wird der Aufstieg der Rakete mit Radar verfolgt und mittels Funk Kurskorrekturen an die Rakete gesendet. Bei einem vollständig inertialen System misst die Rakete selbst die Beschleunigung in allen drei Achsen um daraus ihren Kurs zu errechnen und entsprechende Korrekturen vorzunehmen. Anfang 1959 wurde ein neuer Vertrag über die Entwicklung eines inertialen Steuerungssystems mit AC Spark Plug geschlossen. Dieses System stand Ende 1962 zur Verfügung.

Für die Titan II waren verschiedene Treibstoffkombinationen in Diskussion, schließlich wurde sich für Distickstofftetraoxid (NTO) als Oxidator und Aerozin 50 als Treibstoff entschieden. Aerozin 50 ist eine 50:50-Mischung aus unsymmetrischen Dimethylhydrazin (UDMH) und Hydrazin. Für die Struktur der ersten Stufe wurden die Produktionsmethoden von der Titan I weitgehend übernommen, allerdings wurde die Struktur für den geplanten Start im Silo verstärkt. Als Triebwerk in der ersten Stufe kamen zwei LR-87-AJ5 von Aerojet zum Einsatz, Weiterentwicklungen des Titan-I-Triebwerkes. Im Gegensatz zum Titan-I-Triebwerk mit zwei Brennkammern hatte das neue Titan-II-Triebwerk nur eine Brennkammer, so dass zwei dieser Triebwerke zum Einsatz kamen. Diese beiden Triebwerke lieferten zusammen etwa 50 % mehr Schub als das Triebwerk der Titan I. Für die zweite Stufe der Titan II kam das LR-91-AJ5 zum Einsatz, ebenfalls eine Weiterentwicklung des Titan-I-Zweitstufentriebwerkes. Der Durchmesser der zweiten Stufe wurde auf 3,05 m erhöht, so dass die Titan II nun einen durchgängigen Durchmesser von erster und zweiter Stufe hatte. Die erste Stufe wurde verlängert und konnte nun deutlich mehr Treibstoff aufnehmen, während die zweite Stufe kürzer als die der Titan I war, aber durch den größeren Durchmesser ebenfalls mehr Treibstoff aufnehmen konnte. Die Gesamtmasse der Titan II stieg somit um etwa 50 % gegenüber der Titan I. Die Titan II bekam ein inertiales Steuerungssystem von AC Spark Plug. Da allerdings im Laufe der 1970er Jahre klar wurde, dass es für dieses System bald keine Ersatzteile mehr geben würde, beschloss man die Umrüstung der Titan II auf das Universal Space Guidance System (USGS) von Delco Electronics. Dieses System war schon auf der Trägerrakete Titan-IIIC mehrmals erfolgreich geflogen. Es handelte sich dabei um eine für Trägerraketen modifizierte Variante eines Steuerungssystems, das schon längere Zeit bei der Boeing 707 und Boeing 747 eingesetzt wurde. Am 27. Juni 1976 startete eine Titan II mit dem neuen Steuerungssystem von der Vandenberg AFB, dies war der letzte Flug einer Titan-II-Interkontinentalrakete. Zwischen Januar 1978 und Juni 1979 wurden alle Titan II mit dem neuen System ausgestattet.

**Sprengkopf**

W53 Sprengkopf ohne Mk6

Atompilz vom Test Oak während der Operation Hardtack I: Test des Prototypen für den W-53 Sprengkopf

Jede Titan trug einen einzelnen Sprengkopf. Bei der Titan I war dies ein Mk.4-Wiedereintrittskopf mit einem thermonuklearen W-38-Sprengsatz mit 3,75 MT Sprengkraft. Der Wiedereintrittskopf wurde von AVCO gebaut, und die Kernwaffe ist eine Entwicklung des University of California Radiation Laboratory (UCRL, später Lawrence Livermore National Laboratory). Diese Konfiguration wog etwa 2 t inklusive Täuschkörper und Adapter. Sie kam auch bei den Raketen Atlas-E und -F zum Einsatz.
Die Titan II trug einen Mk.6-Wiedereintrittskopf von General Electric mit einem W-53-Sprengsatz des Los Alamos Special Laboratory (LASL). Die USAF hat die genaue Sprengkraft des W-53 nie bekannt gegeben, sie wurde aber durch veröffentlichte Papiere des US-Kongresses auf 9 MT Sprengkraft geschätzt. Ein Prototyp des Sprengkopfes wurde 1958 bei dem Kernwaffentest Hardtack Oak im Pazifik mit 8.9 MT gezündet. Damit war der Mk.6/W-53 der mit Abstand stärkste Sprengkopf von allen US-amerikanischen Interkontinentalraketen. Die Gesamtmasse inklusive Täuschkörper und Adapter lag bei 4,19 t. Die Titan II hätte mit einer erheblichen Steigerung der Reichweite auch den Mk.4A der Titan I tragen können, diese Option wurde allerdings nicht umgesetzt.

Der Mk.4 der Titan I als auch der Mk.6 der Titan II waren sowohl zur Höhen- als auch Kontaktzündung imstande. Die Titan II mit ihrem extrem starken Sprengkopf war gegen große Flächenziele vorgesehen, bei denen mehrere wichtige Einrichtungen von jeweils einem Sprengkopf zerstört werden könnten. Zum Einsatz gegen gehärtete Ziele wie Raketensilos oder anderen verbunkerten Anlagen war die Titan II durch ihre relativ geringe Treffgenauigkeit im Vergleich zu Bombern, SLBM und Minuteman-ICBM nicht eingeplant. Die Sprengköpfe sowohl der Titan I als auch der Titan II setzten Täuschkörper während ihres Anfluges auf ein Ziel aus, um das Raketenabwehrsystems eines Gegners zu überwinden.
Schon 1960 begann die USAF mit Studien für verbesserte Wiedereintrittsköpfe für die Atlas, Titan I und II sowie Minuteman Raketen. Der vorgeschlagene MK.17-MIRV-Sprengkopf für die Titan II war eine vergrößerte Version des Mk.12 für die spätere Minuteman III und hätte bei einer Sprengkraft von 2 MT eine Masse von etwa 560 kg besessen. Das Konzept sah vor, dass jede Titan II mit sechs Mk.17 ausgestattet würde, jedoch wurde auf eine Umsetzung verzichtet.

**Flugprofil**

Die Titan I wurde nach einem Startbefehl mit RP-1 und flüssigen Sauerstoff betankt und mittels eines Lifts aus dem Silo gefahren. Diese Prozedur dauerte etwa 15 Minuten. An der Oberfläche zündeten die Triebwerke und die Rakete stieg für einige Sekunden vertikal auf und schwenkte dann in die Richtung ihres Zielpunktes. Nach 134 Sekunden schaltete die erste Stufe ab und wurde abgeworfen. Kleine Feststofftriebwerke sorgten danach kurzzeitig für Schub, da das Triebwerk der zweiten Stufe nicht in Schwerelosigkeit gezündet werden konnte. Die Brenndauer der zweiten Stufe richtete sich nach dem genauen Zielpunkt. Bei einem Flug über die volle Reichweite feuerte das Triebwerk für etwa 100 Sekunden. Nach dem Ausbrennen wurden mittels zwei kleiner Veniertriebwerke letzte Korrekturen am Flugprofil vorgenommen. Der Sprengkopf wurde abgetrennt und befand sich ab diesem Zeitpunkt auf einer freien ballistischen Flugbahn mit einem Gipfelpunkt bei etwa 1000 km Höhe. Der Wiedereintritt des Sprengkopfes erfolgte bei einem Flug über die volle Reichweite nach 32 Minuten und der Aufschlag am Boden etwa 50 Sekunden später.

Die Abfolge der Ereignisse bei einem Titan-II-Flug glich weitgehend dem bei einem Flug der Titan I, auch wenn sich durch den unterschiedlichen Schub, Masse und Treibstoffladung die genaue Dauer der einzelnen Flugabschnitte unterschieden. Die Startsequenz war durch den lagerfähigen Treibstoff jedoch anders. Im Silo stand die bereits vollbetankte Rakete für das Einleiten der Startsequenz bereit. Nach Ausführen der Startsequenz durch die Silocrew bis zum Zünden der Rakete im Silo vergingen 58 Sekunden. Nach weiteren 1,8 Sekunden wurde die Rakete von den Halterungen im Silo gelöst und stieg zunächst für 15 Sekunden vertikal auf, bis der Steuercomputer sie in Richtung Ziel drehen ließ. Das Ausbrennen der ersten Stufe erfolgte nach 148 Sekunden. Im Gegensatz zur Titan I zündete die zweite Stufe der Titan II schon während die erste Stufe noch arbeitete, um die Zündung in der Schwerelosigkeit zu vermeiden. Die zweite Stufe arbeitete je nach Zielpunkt etwa 180 Sekunden, Veniertriebwerke zündeten für letzte Flugkorrekturen und kurz darauf wurde der Sprengkopf abgetrennt. Der Bahngipfelpunkt lag bei einem Flug über die volle Reichweite bei etwa 1250 km. Der Wiedereintritt erfolgte nach etwa 35 Minuten und der Aufschlag des Sprengkopfes etwa 1 Minute später.

**Unfälle mit Titan Interkontinentalraketen**

- 24.Mai 1962 – Beale AFB, Kalifornien

Eine Titan I Rakete wurde bei einer Explosion im Silo zerstört.

- 26. September 1962 – Larson AFB, Washington

Bei Wartungsarbeiten zündete eine Retrorakete am Stufenadapter zwischen 1. und 2. Stufe. Die Rakete und das Silo wurden schwer beschädigt.

- 9. August 1965 – Komplex 373-4, Little Rock AFB, Arkansas

Im Rahmen des Projektes YARD FENCE wurden 1965 und 1966 massive Verbesserungen an den Titan II Silos vorgenommen. Zivile Firmen führten die Arbeiten in den Silos aus. Die Rakete verblieb betankt im Silo, allerdings ohne Sprengkopf. Am 9. August befanden sich mehr als 50 zivile Arbeiter des beauftragten Unternehmens am Komplex 373-4, um die Arbeiten durchzuführen. Bei Schweißarbeiten im Silo an einer schwer zugänglichen Stelle beschädigte ein Arbeiter eine Hydraulikleitung. Dies führte zu einem schweren Feuer im Silo, welches das Leben von 53 Arbeitern forderte. Nur zwei Arbeiter schafften es, das Silo lebend zu verlassen. Dies war der schwerste Unfall im Rahmen des Titan II Programmes. Die nachfolgende Untersuchungen deckte schwere organisatorische und sicherheitstechnische Mängel bei der Durchführung des Projekt YARD FENCE durch SAC und die zivilen Auftragsnehmer auf. Die Rakete im Silo blieb allerdings unbeschädigt. Am 29. September 1966 wurde das Silo wieder in Alarmzustand versetzt.

- 24. Januar 1968 – Komplex 373-5, Little Rock AFB, Arkansas

Ein Soldat stürzte bei Wartungsarbeiten in einem Titan II Silo in den Schacht und verstarb daraufhin.

- 8. Oktober 1976 – Komplex 374-7, Little Rock AFB, Arkansas

Bei Reinigungsarbeiten wurde Freon eingesetzt, um Hydraulikflüssigkeitsrückstände an einer Titan II Rakete im Silo zu entfernen. Leere Freon-Behälter wurden von den Arbeitern in den Flammendeflektor am Boden des Silos fallen gelassen. Daraufhin bildete sich eine sauerstofffreie Schicht im Flammendeflektor aus, da das restliche Freon aus den Behältern den Sauerstoff verdrängte. Als später zwei Soldaten die Behälter einsammeln wollten, begaben sie sich in die sauerstofffreie Freonatmosphäre und verstarben kurze Zeit später.

- 24. August 1978 – Komplex 533-7, McConnell AFB, Kansas

Nach einer intensiven Überprüfung der Titan II des Silos 533-7 im Rahmen des Reliability and Aging Surveillance Program (RASP – Zuverlässigkeits- und Alterungsüberwachungs Programm) wurde diese wieder mit Treibstoff und dem Oxidator Distickstofftetraoxid (NTO) betankt. Nach dem Befüllen der ersten Stufe mit NTO schloss beim Entfernen des Betankungsschlauches das Ventil am Tank nicht und der Treibstoff floss aus dem vollen Tank ins Silo. Eine Wolke des Oxidators trat aus dem Silo aus und bewegte sich in Richtung der Kleinstadt Rock, welche daraufhin evakuiert wurde. Es wurde beschlossen, Wasser in das Silo einzuleiten und so den Oxidator zu binden. Etwa 400.000 Liter verdünnte Salpetersäure befanden sich nachfolgend im Silo, welche aufwendig entsorgt werden musste. Die beiden Soldaten, welche die Rakete betankten, verstarben trotz des Tragens von Schutzanzügen. SAC beschloss

das Silo wieder herzurichten und vergab entsprechende Verträge.
Das Silo sollte ab dem 8. Januar 1982 wieder zur Verfügung stehen,
allerdings wurde währenddessen die Ausmusterung der Titan II
beschlossen und die Instandsetzungsarbeiten am Silo eingestellt.

- 18. September 1980 – Komplex 374-7, Little Rock AFB, Arkansas

Bei Wartungsarbeiten an der Titan II Rakete im Silo 374-7 ließ ein
Soldat die Nuss eines Schraubenschlüssels fallen. Diese stürzte ins
Silo und schlug den mit Aerozin-50 gefüllten Treibstofftank der
ersten Raketenstufe leck. Nachfolgend wurde das Silo und später
das Startkontrollzentrum des Komplexes evakuiert. In den frühen
Morgenstunden des 19. September sollten zwei Zweimannteams
den Komplex betreten und eine Bestandsaufnahme vornehmen. Um
3 Uhr morgens entzündete sich der Treibstoff und die Rakete explodierte im Silo. Dabei wurde ein Soldat getötet und 21 weitere
verletzt. Die 740 t schwere Siloabdeckung landete etwa 200 m vom
Silo entfernt. Der verbeulte, aber weitgehend intakte Sprengkopf
der Titan II wurde in etwa 100 m Entfernung zum Silo gefunden.
Silo 374-7 wurde komplett zerstört, das Startkontrollzentrum blieb
aber vollkommen intakt. SAC beschloss wegen der hohen Kosten,
das Silo nicht wieder herzurichten.

**Titan II Space Launch Vehicle (SLV)**

Titan 23 G kurz vor ihrem Erstflug am 5. September 1988

Schon 1972 schlug Martin-Marietta vor, ausgemusterte Titan II Interkontinentalraketen als Trägerrakete zu verwenden. Die Firma
wollte Startkomplex 395-C umrüsten und veranschlagte dafür 2
Millionen USD. Die US Air Force lehnte dies zum damaligen Zeit-
punkt aber ab. In den 1980er Jahren wurde die Verwendung als
Trägerrakete nach der Außerdienststellung der Titan II wieder in
Betracht gezogen. Im Rahmen der neuen Pläne sollte allerdings kein
In-Silo Start durchgeführt werden, sondern die Rakete von norma-
len Rampen starten. Zum damaligen Zeitpunkt standen noch 55
Raketen zur Verfügung, 52 in den aktiven Silos und 3 als Ersatz auf
jeder Betreiberbasis der Titan II. Im Januar 1986 schloss die US Air
Force mit Martin-Marietta einen Vertrag zur Umrüstung der Titan II

zu Trägerraketen ab und erhöhte im Verlaufe des Jahres 1987 ihren Auftrag auf insgesamt 14 Raketen. Die Raketen wurden als Titan 23G bezeichnet. Es sollten so viele Teile wie möglich von den Originalraketen Verwendung finden und nur wenn nötig auf Komponenten aus der Titan III Familie zurückgegriffen werden. Die Tanks der ausgewählten Raketen wurden im Werk von Martin-Marietta demontiert, geprüft, ausgebessert und wieder zusammengefügt. Veränderungen mussten am oberen Ende der 2. Stufe durchgeführt werden, wo anstatt des Sprengkopfes nun ein Nutzlastadapter angebracht werden sollte. Durch die ständige Überprüfung während der Einsatzzeit der Titan II waren die Triebwerke aller Raketen in sehr guten Zustand und konnten problemlos Verwendung finden. Erst im Jahr 1978 hatte die gesamte Titan II Flotte ein neues inertiales Steuerungssystem bekommen, welches weitgehend mit dem der Titan III Raketen identisch war. Diese Systeme wurden beim Hersteller Delco Electronics getestet und mit leichten Anpassungen für die Titan II Trägerraketen verwendet. Von der Titan III Familie wurde Nutzlastverkleidung, Nutzlastadapter, das Flugkontrollsystem und Verkabelung übernommen. Für den Start der Rakete wurde auf der Vandenberg AFB der Komplex SLC-4W modifiziert. Der erste Start erfolgte am 5. September 1988, der letzte am 18. Oktober 2003. Dreizehn der vierzehn modifizierten Raketen kamen zum Einsatz, alle Starts verliefen in Bezug auf die Titan II erfolgreich.

## LGM-30 Minuteman

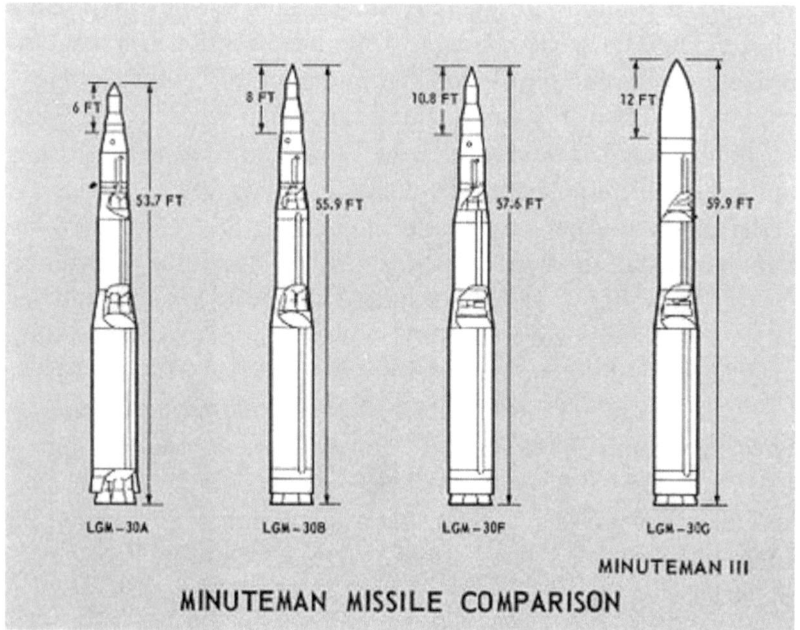


Verschiedene Versionen der Minuteman-Rakete (v.l.n.r)

### Allgemeines

Der erste Start einer Minuteman-I erfolgte am 15. September 1959, einer Minuteman-II am 24. September 1964 und einer Minuteman-III am 16. August 1968. Minuteman-I und -II wurden mittlerweile deaktiviert, die Minuteman-III-Raketen sollen bis circa 2030 im Einsatz bleiben. Von diesem Raketentyp wurden bis zum Produktionsende 1977 mehrere Tausend Stück hergestellt.

Die mit nur einem Atomsprengkopf bewaffneten Minuteman-I sollten ursprünglich auch auf Eisenbahnwagen montiert werden, weil mobile Startrampen gegen Erstschläge weniger verwundbar sind. Nachdem dieser Plan Ende 1961 aus finanziellen Gründen aufgegeben wurde, konnten Größen- und Gewichtsbeschränkungen aufgegeben werden. In der Folge wurde der Typ Minuteman-II entwickelt. Es wurden 500 dieser Raketen stationiert, mit dem Ende des Kalten Krieges wurden diese alle außer Dienst gestellt. Ein Teil dieser Raketen wird durch die Orbital Sciences Corporation in Minotaur-Trägerraketen für Satellitenstarts umgewandelt.

Die Weiterentwicklung zur Minuteman-III ermöglichte den Einsatz von drei unabhängig voneinander steuerbaren Sprengköpfen (MIRVs). Zuerst war dies der W-62/MK.12 mit 170 kt Sprengkraft, Ende der 1970er Jahre wurde ein Teil der Minuteman-III mit dem W-78/Mk.12A mit 335 kt nachgerüstet. Der W-62 wird nun durch den modernisierten W-87/SERV der ausgemusterten MX Peacekeeper ersetzt. Im Jahr 2007 wurde mit der Deaktivierung von 50 von insgesamt 500 stationierten Raketen auf der Malmstrom AFB begonnen. Im Frühjahr 2008 waren noch 488 Raketen mit 764 Sprengköpfen aktiv. Ziel ist die Umrüstung der Flotte auf 500 Sprengköpfe (W-78 und W-87) auf 450 Raketen im Jahr 2011. An den drei Stationierungsorten Malmstrom AFB (Montana), Minot AFB (North Dakota) und Warren AFB (Wyoming) werden dann jeweils 150 Raketen in Dienst stehen.

Die Minuteman-Flugkörper sind in unterirdischen Raketensilos startbereit stationiert. Die Silos sind in Zehner-Gruppen mit unterirdischen Kommandoständen (LCC) verbunden. Diese sind rund um die Uhr von zwei Offizieren besetzt, die einen eingehenden Feuerbefehl durch das gleichzeitige Drehen von jeweils zwei Zündschaltern ausführen müssen. Ferner muss auch ein Feuerbefehl von einem benachbarten Kommandostand gegeben werden. Die Minuteman-III werden dabei permanent in einem Status bei T-30sec gehalten, das heißt, dass sie 30 Sekunden nach einem gültigen Startbefehl das Silo verlassen können. Die einzelnen Silos haben einen Mindestabstand von etwa 10 km zueinander. Es gibt auch die Möglichkeit die Raketen von einer luftgestützten Startcrew abzufeuern. Mit diesem System soll gewährleistet werden, dass man die

Raketen auch abfeuern kann, wenn das Silo den Kontakt zum Kontrollbunker verloren hat. Dies wurde zuletzt bei einem Testflug von der Vandenberg AFB im Jahr 2008 geprobt.

Ein Test am 16. Juni 2010 war der 200. Flug einer Minuteman III seit dem Erststart im Jahr 1968. Der letzte Testflug einer Minuteman III fand am 27. Juli 2011 mit einem inerten Sprengkopf von der Vandenberg AFB statt. Der Test war jedoch ein Fehlschlag, die Rakete wurde von der Flugkontrolle gesprengt, nachdem eine Anomalie auftrat. Die Fehlerursache wurde noch nicht bekanntgegeben.

Die USA planen zudem die Weiterentwicklung LGM-30H Minuteman-IV. Sie soll aber frühestens im Jahr 2030 eingeführt werden. Ausgemusterte Minuteman I und II Raketen werden weiterhin in teils modifizierter Form als Zielobjekte für die Raketenabwehrentwicklung der USA bzw. Satellitenträger eingesetzt.

**Technische Daten der Minuteman II (LGM-30F)**

- Gipfelhöhe: 1.300 km
- Startschub: 780 kN
- Startmasse: 33.014 kg
- Durchmesser: 1,70 m
- Länge: 17,6 m
- Flossenspannweite: 1,80 m
- Masse des Sprengkopfs: 680 kg
- Reichweite: 11.300 km
- Zahl der Sprengköpfe: 1
- Sprengkopf: W56 (Sprengkraft 1.200 kt TNT)
- Maximalgeschwindigkeit: 29.030 km/h

## Technische Daten der Minuteman III (LGM-30G)

- Gipfelhöhe: 1.300 km
- Startschub: 780 kN
- Startmasse: 35.300 kg
- Durchmesser: 1,70 m
- Länge: 18,23 m
- Flossenspannweite: 1,80 m
- Masse Sprengkopf+RV: ~400 kg
- Reichweite: 13.000 km
- Zahl der Sprengköpfe: 1 bis 3
- Sprengkopf: W-62/Mk.12 (170 kt); W-78/Mk.12A (335 kt); W-87/Mk.21 (300 kt, Upgrade auf 475 kt möglich)
- Maximalgeschwindigkeit: 29.030 km/h

## LGM-118 Peacekeeper

Peacekeeper beim Start von der Vandenberg Air Force Base

Die **LGM-118 Peacekeeper** (englisch für *Friedenswächter*), auch bekannt unter der Entwicklungsbezeichnung **MX Missile** oder kurz nur **MX**, war eine landgestützte Interkontinentalrakete der US-Streitkräfte. Von Dezember 1986 bis September 2005 wurde sie vom Weltraumkommando der US-Luftwaffe (USAF) betrieben.

## Beschreibung

Die Peacekeeper war eine vierstufige (drei Stufen Hauptantrieb und eine Stufe Antrieb des Wiedereintrittskörperträgers) Interkontinentalrakete, welche aus unterirdischen Silos startete. Sie konnte bis zu elf Wiedereintrittskörper des Typs Avco MK 21 mit einer W87 Kernwaffe tragen. Deren Anzahl war aber auf Grund internationaler Verträge zur Rüstungskontrolle auf zehn beschränkt. Diese konnten individuelle Ziele angreifen und hatten die höchste Treffergenauigkeit aller US-amerikanischen Interkontinentalwaffen.

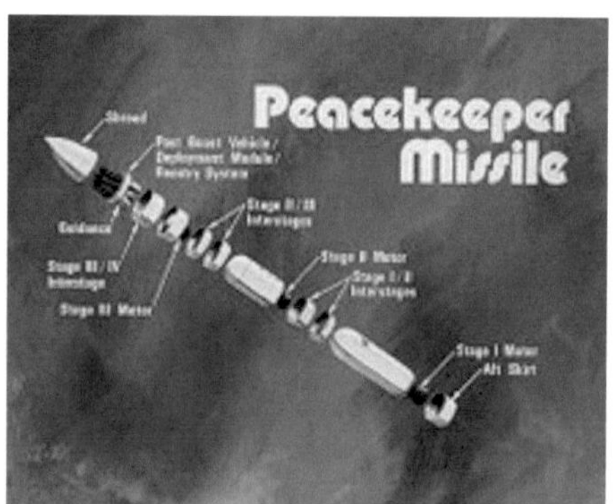


Die Hauptbaugruppen der Peacekeeper-Rakete

Die Rakete war in ihrem Raketensilo in einer Schutzhülle gelagert, die die Rakete vor negativen Umwelteinflüssen, Beschädigung und den Auswirkungen einer atomaren Verstrahlung der Umwelt (siehe auch Zweitschlagskapazität) schützen sollte. Die Peacekeeper war viel größer als die Minuteman und wurde im Gegensatz zu dieser kalt gestartet. Das bedeutet, dass die Peacekeeper mit ihrer Schutzhülle durch komprimiertes Gas bis zu maximal 300 Fuß (ca. 100 Meter) in die Höhe geschossen wurde. Dabei öffnete sich die Hülle und erst außerhalb des Silos wurde die erste Stufe der Rakete gezündet. Dieses Verfahren erlaubte es, die Peacekeeper-Rakete aus Silos, welche ursprünglich für die drei Meter kleineren Minuteman-III-Raketen gebaut wurden, zu starten.

Die Hülle der Rakete bestand aus kevlarverstärktem Epoxidharz. Die Antriebsstufen waren übereinander angebracht und zündeten der Reihe nach. Die Rakete besaß eine schwenkbare Düse zur Steuerung.

Der Wiedereintrittskörperträger transportierte die konisch geformten Wiedereintrittskörper zu ihren Zielen. Während des Transportes waren die Wiedereintrittskörper durch eine Haube geschützt, an deren Spitze sich ein kleiner Raketenmotor befand. Kam der Wiedereintrittskörperträger im Zielgebiet an, wurde dieser gezündet und transportierte die Haube vom Wiedereintrittskörperträger weg und die Wiedereintrittskörper konnten einzeln auf ihre ballistischen Flugbahnen entlassen werden. Die Wiedereintrittskörper waren mit kleinen Sprengbolzen befestigt und wurden durch eine kleine Ladung komprimierten Gases vom Träger gestartet.

## Entwicklung und Einführung

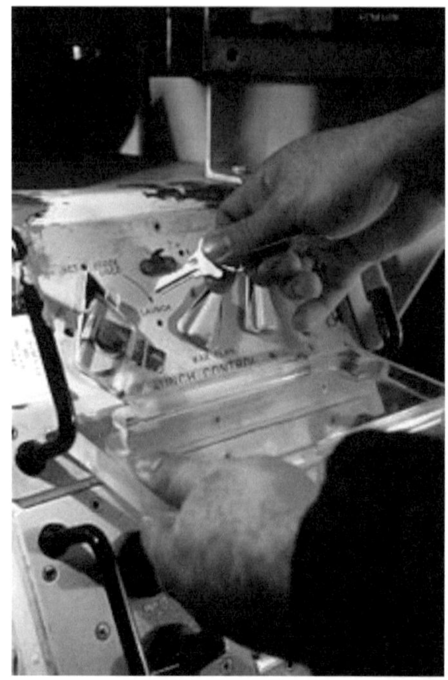

Vorbereitungen zum Start einer Peacekeeper-Rakete auf der F. E. Warren Air Force Base, USA.

Die Entwicklung der Rakete begann 1972 unter der Bezeichnung *MX* (*Missile eXperimental*). Man sah auf US-Seite die eigenen silo-basierten Minuteman durch zunehmend zielgenaue und MIRV-tragende sowjetische Neuentwicklungen schwerer Bauart wie die R-36M bedroht – der Gefahr eines Erstschlags ausgesetzt – und sich deshalb zu einer Reaktion veranlasst. Zwischen 1976 und 1983 wurde die Einführung des Systems durch den amerikanischen Kongress verzögert, der gegen den Bau neuer Raketensilos votierte. Im Frühjahr 1983 wurde eine Kompromisslösung erreicht, nach der die durch die Ausmusterung älterer Minuteman-Versionen freiwerden-den Silos für die neue Rakete verwendet wurden. Am 17. Juni 1983

fand der erste Teststart einer *Peacekeeper* von der Vandenberg Air
Force Base in Kalifornien statt. Die ersten zehn einsatzfähigen Raketen wurden im Dezember 1986 auf der Warren Air Force Base,
Wyoming, in Dienst gestellt. 1985 beschnitt der Kongress das Programm auf vorerst 50 Raketen, bis eine Möglichkeit zur Steigerung
der Überlebensfähigkeit gefunden war. Bis zum 30. Dezember 1988
waren dann 50 Raketen einsatzbereit. In der Folge der Reduzierungen bei der Beschaffung wurden Pläne ausgearbeitet, die eine Stationierung von jeweils zwei Raketen auf insgesamt 25 Eisenbahn-
zügen und die Verwendung des nationalen Eisenbahnnetzes
vorsahen, die aber 1992 endgültig verworfen wurden. Insgesamt
wurden während des 20 Milliarden US-Dollar teuren Programms
114 Raketen produziert.

**Abrüstung**

Im Rahmen des START II-Vertrags (Strategic Arms Reduction
Treaty) begann die USAF im Oktober 2002 mit der Reduzierung
der Peacekeeper-Raketen. Am 19. September 2005 schied mit der
Deaktivierung des letzten verbliebenen Exemplars die Peacekeeper
aus dem aktiven Dienst aus. Die Antriebsstufen sollen für Satellitenstarts (siehe Minotaur IV Rakete) oder für Zielübungen von Ra-
ketenabwehrwaffen weiterverwendet werden.

**Technische Daten der LGM118A**

- Hersteller
    - Startsilos: Boeing Aerospace and Electronics
    - Raketenherstellung und -test: Martin Marietta und Denver Aerospace
- Antrieb
    - Stufe 1–3: Festbrennstoff
    - Stufe 4: lagerfähiger Flüssigtreibstoff von Thiokol, Aerojet, Hercules und Rocketdyne
- Maße:
    - Länge gesamt: 21,8 m
    - Durchmesser: 2,3 m
    - Länge 1. Stufe: 8,5 m
    - Länge 2. Stufe: 5,5 m
    - Länge 3. Stufe: 2,4 m
- Gewichte
    - Gesamtgewicht: ca. 88.450 kg inkl. Wiedereintrittskörper
    - 1. Stufe: ca. 49.000 kg
    - 2. Stufe: ca. 27.200 kg
    - 3. Stufe: ca. 7.700 kg
    - 4. Stufe (ohne Wiedereintrittskörperträger): ca. 1.040 kg
    - Raketenspitze inkl. 4. Stufe: ca. 1.360 kg
- Reichweite: 9700 km
- Geschwindigkeit: 15.000 Meilen pro Stunde am Ende der Brenndauer (ca. 20fache Schallgeschwindigkeit auf Meereshöhe)
- Flughöhe: ca. 215 Kilometer (700.000 Fuß)
- Steuerung: „Advanced Inertial Reference Sphere" Kreiselkompass (Trägheitsnavigation) von Northrop und Rockwell International
- Genauigkeit: Circular Error Probable 100 m

- Sprengköpfe: 10 Avco MK 21 Wiedereintrittskörper/W87 Sprengkopf 300 kt
- Kosten pro Stück: 70 Mio. USD
- Produktion: 114 Stück

## MGM-134 Midgetman

Midgetman Erprobungsflug

Die **MGM-134 Midgetman**, auch als **SICBM** (*Small Interconti-nental Ballistic Missile*) bezeichnet, war eine für mobilen Einsatz ausgelegte nukleare Interkontinentalrakete der US-Streitkräfte. Die Midgetman wurde aus dem Mitte der 1980er Jahre von der US Air Force formulierten Bedürfnis für eine kleine Interkontinentalra-kete, die mobil auf straßengängigen Fahrzeugen stationiert werden könnte, entwickelt. Da Raketensilos durch einen von U-Booten gestarteten Erstschlag verwundbar sind, sah die militärische Führung der USA die Fähigkeit zu einem Vergeltungsschlag gefährdet. Diese Fähigkeit sollte durch die mobile Stationierung wiederhergestellt werden. Da die Sowjetunion mit der RT-23 Molodets (SS-24) und der RT-2PM Topol (SS-25) ebenfalls mobile Systeme entwickelte, zogen die USA mit der Midgetman nach.

System-Definitions-Studien für die SICBM (Small Intercontinental Ballistic Missile) wurden ab 1984 durchgeführt und Martin Marietta wurde 1986 autorisiert, die XMGM-134A Midgetman Rakete zu entwickeln. Der erste Prototyp wurde 1989 auf der Vandenberg Air Force Base gestartet, doch der Test erwies sich als Fehlschlag. Ein zweiter Testflug 1991 war erfolgreich.

Die XMGM-134A war als dreistufige Feststoffrakete konzipiert. Wie die größere LGM-118 Peacekeeper wurde sie auch mittels eines Kaltstartsystems gestartet, bei dem die Rakete mittels Gasdruck aus ihrer Startröhre katapultiert wurde und erst in einigen Metern Höhe außerhalb des Startgeräts gezündet wurde.

Die Midgetman-Rakete sollte in einem gepanzerten Startfahrzeug, dem sogenannten Hard Mobile Launcher (HML), stationiert werden. Diese von Boeing Aerospace and Electronics in Zusammenarbeit mit Loral Defense Systems Division gebauten Fahrzeuge sollten im Normalfall in einer Basis verbleiben und nur bei drohendem Kriegsausbruch bei internationalen Krisen mobil eingesetzt werden, um im Falle eines gegnerischen Erstschlags weniger gefährdet zu sein.

Die Midgetman hatte eine Reichweite von etwa 11.000 Kilometern. Der Sprengkopf bestand aus einem einzelnen Mk. 21 Wiedereintrittskörper mit einer thermonuklearen Bombe von 475 Kilotonnen Sprengkraft vom Typ W87-1. Das Trägheitsnavigationssystem gab der Midgetman eine Zielgenauigkeit (CEP) von 90 m.

Mit dem Ende des Kalten Kriegs reduzierten die USA ihre Neuentwicklungen von nuklearen Waffen und stellten daher das Programm
im Januar 1992 ein.

**Technische Daten**

- *Länge*: 14 m
- *Durchmesser*: 1,17 m
- *Gewicht*: 13.600 kg
- *Reichweite*: 11.000 km
- *Antrieb*: dreistufige Feststoffrakete
- *Sprengkopf*: W-87-1 thermonuklear (475 Kilotonnen) in Avco
  Mark 21 Wiedereintrittskörper
- Directory of U.S. Military Rockets and Missiles: Martin Mari-
  etta MGM-134 Midgetman
- Midgetman / Small ICBM

## National Missile Defense

Die **National Missile Defense** (kurz **NMD**; dt.: *nationale Raketenabwehr*) bzw. der **US-Raketenschild** ist ein zur Regierungszeit von
US-Präsident George W. Bush angestrengtes Rüstungsprojekt der
Vereinigten Staaten von Amerika. Es gilt als Nachfolger der Strategic Defense Initiative (SDI).
Zweck der NMD soll es sein, anfliegende Interkontinentalraketen
mit satellitengestützter Überwachung zu erkennen und entweder
bereits nahe der Abschussrampen, auf ihrer Bahn im Weltall oder
während des Sinkfluges in der Erdatmosphäre mittels Raketen oder
Lasern zu zerstören. Auf diese Weise soll ein Verteidigungsschutz-

schild für die Vereinigten Staaten realisiert werden. Als Gefahren-
herde gelten die Waffensysteme von Ländern wie Iran und Nordkorea.

Federführend verantwortlich für die Entwicklung und Umsetzung
der NMD ist die Missile Defense Agency (MDA; etwa: *Amt für
Raketenverteidigung*), eine Abteilung des US-amerikanischen Ver-
teidigungsministeriums.

In Bushs Plänen für einen Raketenschutzschild spielten zunächst
Standorte in Polen und Tschechien eine zentrale Rolle. Im September 2009 kündigte Präsident Barack Obama jedoch einen Rich-
tungswechsel an. Seegestützte Abfangraketen sollen die für Polen
vorgesehenen Systeme ersetzen, eine geplante Radarstation in
Tschechien wird nicht in Betrieb gehen.

**Das Gesetz**

Beschlossen wurde das *Gesetz zur Nationalen Raketenverteidigung*
noch in der Regierungszeit von Bill Clinton. Darin heißt es:
„Es ist die Politik der Vereinigten Staaten, so rasch wie technologisch möglich eine effektive Nationale Raketenverteidigung zu stationieren, die in der Lage ist, das Gebiet der Vereinigten Staaten
gegen begrenzte ballistische Raketenangriffe (ob nun unbeabsich-
tigt, ungenehmigt oder vorsätzlich) zu verteidigen und deren Finan-
zierung unter dem Vorbehalt der jährlichen Zuteilungsbewilligung
und der jährlichen Bewilligung von Mitteln für die Nationale Raketenverteidigung steht."*National Missile Defense Act von 1999*

# Historie

Strategic Defense Initiative (SDI) 1984–1994

Ballistic Missile Defense (BMD) 1994–2002

Missile Defense Agency (MDA) seit 2002

Weitere Vorläufer der NMD neben Ronald Reagans *Strategic Defense Initiative* waren u. a. seit den späten 50er-Jahren des 20. Jahrhunderts das *Nike-Zeus-Programm* (1961 eingestellt), das *Project Defender*, das *Sentinel-Programm* und – damit zusammenhängend – das Konzept des *Ballistic Missile Boost Intercept* (BAMBI; jeweils ab 1963; eingestellt 1968) sowie – ab 1967 – das *Safeguard-Programm*. Alle diese Vorhaben erwiesen sich aus politischen und

technischen Gründen als problematisch und scheiterten letztendlich. Das SDI-Projekt wird jedoch mit verantwortlich gemacht für die Auflösung der Sowjetunion, die einem neuen Wettrüsten im Weltraum wirtschaftlich nicht mehr gewachsen war.
Die erneute Aufrüstung seitens der USA wird unter anderem von China und Russland seit Jahren scharf kritisiert. Sie warnen vor einem neuen globalen Wettrüsten mit Weltraumtechnologie.

**Aufgaben und Verfahren des Systems**

Zunächst muss ein Raketenabwehrsystem anfliegende Raketen erkennen und unterscheiden können. Mittels Frühwarnradarstationen am Boden und mit Hilfe von Infrarotkameras in geostationären Satelliten erkennt das System – zumindest in der Theorie – automatisch startende Raketen an ihrer Antriebswärme (also dem Schweif bzw. Feuerstrahl). Die Infrarotkameras der Frühwarnsatelliten können die Raketen nach dem Durchqueren der unteren Atmosphärenschichten detektieren und anhand der Form und der Hitzeverteilung im Feuerstrahl den Raketentyp bestimmen – so jedenfalls die Vorstellung der Initiatoren der NMD.
Zu diesem Zeitpunkt (in der *boost phase*) ist bei Raketentypen, die sowohl für die Raumfahrt als auch als ICBMs verwendet werden, allerdings bislang keine Unterscheidung zwischen einem zivilen Raumfahrteinsatz oder einer militärischen Aggression möglich.
Am 24. April 2007 wurde das Near Field Infrared Experiment (NFIRE) mit einer Minotaur-1-Trägerrakete von der Wallops Flight Facility auf eine Umlaufbahn in 552 km Höhe gebracht. Der ursprünglich schon für 2005 geplante Start war zuvor zweimal verschoben worden. NFIRE soll die Detektion von Raketentypen bzw. ihres Einsatzzweckes nunmehr entscheidend verbessern. Raketen, die in friedlicher Absicht eingesetzt werden, sollen so schon in der Startphase aussortiert werden können.

Im nächsten Schritt wird die Bahn der Rakete beobachtet und vorausberechnet. In der Zusammenschau der – in einem äußerst kurzen Zeitfenster – gewonnenen Daten muss dann abgeschätzt werden, ob es sich beim jeweiligen Raketenstart um einen Angriff oder zum Beispiel nur um eine Trägerrakete für die Raumfahrt handelt.

Die Vorausberechnung der Flugbahn ist relativ einfach, solange es sich bei dem Geschoss um eines mit strikt ballistischer Flugbahn wie etwa bei den meisten Interkontinentalraketen (ICBMs) handelt. Diese Raketen steigen nach dem Brennschluss in einer rechnerisch nachvollziehbaren Bahn (mit gewissen Abweichungen, verursacht u. a. durch diverse atmosphärische Einflüsse) bis in den Weltraum hinauf, um dort einen oder mehrere Gefechtsköpfe freizusetzen. Üblicherweise werden bei MIRVs auch noch Gefechtskopfattrappen freigesetzt, um Abwehrsysteme abzulenken und zu verwirren. Allerdings hatte die Sowjetunion bereits in den 1960er Jahren ein System zur Einsatzreife entwickelt, das schon damals eine Vorausschau des mutmaßlichen Ziels bis kurz vor dem Einschlag unmöglich machte (*vgl.* FOBS).

Zur Zerstörung der atomaren Gefechtsköpfe wird in ihrer Flugbahn ein vom Boden gestartetes oder auch von Satelliten freigesetztes „Kill Vehicle" (wie bei *NFIRE* vorgesehen, das die Detektion von feindlichen Flugkörpern mit deren Abwehr in einem Satelliten verbinden soll) auf Kollisionskurs gebracht – in teilweise nahezu entgegengesetzter Flugrichtung. Es ist mit IR- und Bildsensoren ausgestattet, um die Gefechtsköpfe zu erkennen. Im Idealfall besitzt diese Vernichtungsvorrichtung eine gewisse Lenkfähigkeit. Geplant sind auch *Killersatelliten*, die zu selbstständigen Annäherungsoperationen fähig sind („Autonomous Proximity Operations"). Ein solches „Kill Vehicle" soll dann einen Gefechtskopf bei seiner Bahn im All in der Regel durch bloße Kollision – also durch kinetische Energie – bei über 7 km/s (also 25.200 km/h) zerstören.

# Hintergründe

## Politischer Hintergrund

Als Nachfolgeprogramm der 1983 von Ronald Reagan ins Leben gerufenen *Strategic Defense Initiative* wird die NMD im Auftrag des amerikanischen Präsidenten George W. Bush mit Hochdruck weiterentwickelt. Dabei soll es nach offiziellen Angaben in erster Linie nicht als Verteidigung gegen mögliche Attacken der konkurrierenden Weltmächte Russland und China dienen, sondern vielmehr vor Terroristen und so genannten Schurkenstaaten wie dem Iran und Nordkorea schützen. Zusätzlich soll das System auch vor einem versehentlichen Abschuss atomarer Raketen durch Russland schützen, dem man offenbar auf Grund einer unterstellten mangelnden Stabilität seiner inneren Ordnung zutraut, seine Streitkräfte könnten der Kontrolle der Regierung entgleiten. Die Fertigstellung von NMD hätte allerdings gegen den noch mit der UdSSR abgeschlossenen ABM-Vertrag von 1972 verstoßen, den die USA deshalb am 13. Dezember 2001 einseitig aufgekündigt haben. Die Kündigung wurde sechs Monate später, am 13. Juni 2002, wirksam.

## Technische Kritik

Die Verteidigung gegen eine ganze Flotte angreifender Raketen – und somit der vielbeschworene „Schutzschild" – gilt jedoch nach Angaben verschiedener Experten bis heute (Stand: 2006) als technisch nicht möglich. Demnach können derzeit höchstens 20 Gefechtsköpfe auf einmal abgewehrt werden, was zwei bis drei angreifenden Raketen mit sieben bis acht MIRVs entspräche. Dieses Problem soll in Zukunft das Multiple Kill Vehicle-System lösen. Gegen terroristische Angriffe ist der Schutz nach Einschätzung von Kritikern des NMD-Konzepts ebenfalls unvollkommen: Eine terroristische Organisation, wenn sie denn in den Besitz einer Kernwaffe gelangte, würde diese eher auf anderen Wegen gegen die Vereinigten Staaten anwenden, etwa ins Land geschmuggelt (z. B. als „Kofferbombe"), in einem LKW o. ä. untergebracht und/oder per Schiff in den Hafen einer großen Stadt transportiert. Sollte darüber hinaus ein „Kill-Vehicle" einen atomaren Sprengkopf treffen und vernichten, würde sich der größte Teil seiner Trümmer inklusive des radioaktiven spaltbaren Materials weiter auf der ursprünglichen Bahn bewegen und über dem Ziel in die Erdatmosphäre eintreten z.T. verglühen aber dennoch das Gebiet kontaminieren. Es würde aber keine Atomexplosion stattfinden.

**Taktische Grundlagen eines Raketenabwehrsystems**

Grundlage einer Raketenabwehr ist die schnelle Reaktion auf anfliegende Raketen/Gefechtsköpfe. Innerhalb kürzester Zeit müssen startende Raketen als anfliegende ICBMs erkannt und deren Flugbahnen bestimmt werden.

Die Bekämpfung kann in drei möglichen Phasen des Angriffs stattfinden:

1. Startphase,
2. Ballistischer, gfs. suborbitaler Flug außerhalb der Atmosphäre,
3. Wiedereintritt in die Atmosphäre/Zielanflug.


**Startphase**

In der Startphase bietet eine aufsteigende ICBM im Prinzip ein relativ großes, sich auf einer vorausberechenbaren Bahn bewegendes Ziel, welches theoretisch einfach erfasst und bekämpft werden könnte. Ebenso könnten (im Prinzip) auf diese Weise mehrere Sprengköpfe (MIRVs) gleichzeitig durch die Zerstörung einer Rakete ausgeschaltet werden.

Die aktive Aufstiegsphase dauert ca. fünf bis zehn Minuten; bei moderneren Langstreckenraketen ist sie noch erheblich kürzer. In dieser Zeit müssen die Starts entdeckt und bewertet werden. Es muss entschieden werden, ob ein Angriff vorliegt und welche Ziele voraussichtlich angegriffen werden. Außerdem müssten in dieser kurzen Zeit die politischen und militärischen Entscheidungen zur Reaktion auf einen möglichen Angriff getroffen werden, was die Gefahr von Fehlschlüssen erheblich erhöht.

Durch das NMD-Konzept ist eine Bekämpfung in dieser Phase bislang nicht möglich, wenngleich auch hierzu intensiv geforscht wird. In Zukunft sollen für Abfangmanöver in der Startphase vornehmlich luftgestützte Laser (Airborne Laser, ABL) eingesetzt werden, da hier für den Einsatz jedweder materieller Geschosse die Zeit in aller Regel einfach zu knapp wäre (es sei denn, die Abwehrwaffe befände sich in unmittelbarer Nähe der startenden Rakete). Vom ABL erhofft man sich, Raketen in der Startphase innerhalb von Sekunden vernichten zu können .

Ende September 2006 wurde angekündigt, dass 2007 eine Boeing-747, genannt *Big Crow* (deutsch: *Große Krähe*), mit einem Lasersystem zur Raketenabwehr ausgestattet werden soll; Meldungen zufolge sind die ersten Tests des Lasersystems unter Luftkampfbedingungen für 2009 geplant.

Für Kritiker sind Laserwaffen dieser Art allerdings nicht nur zu teuer, sondern oberdrein auch überflüssig, da sie mit geringem Aufwand wirkungslos gemacht werden könnten: Man müsse die Raketen dazu einfach nur mit einer verspiegelten Ummantelung versehen, die einen Großteil der gerichteten Energie ablenke. Bisher sollen die USA für das Lasersystem zur Raketenabwehr bereits 3,5

Milliarden US-Dollar aufgewendet haben . → *Hauptartikel:* Directed Energy Weapon; *vgl.* Tactical High Energy Laser

## Ballistischer suborbitaler Freiflug außerhalb der Atmosphäre

Während des ballistischen Flugs werden die Sprengköpfe ausgesetzt. Diese steuern daraufhin auf ihre Ziele zu. Sollten MIRVs und Täuschkörper eingesetzt werden, vervielfachen sich dabei die zu bekämpfenden Objekte. Die Sprengköpfe stellen kleine, sich rasch und unabhängig bewegende Ziele dar. Jeder Sprengkopf müsste einzeln erfasst, verfolgt und bekämpft werden, was eine äußerst umfangreiche Dislozierung von Abwehrmitteln erforderte.
Der Vorteil einer Bekämpfung in dieser Phase wäre die verlängerte Reaktionszeit, um den Angriff zu bewerten und Prioritäten für die Verteidigung festzulegen.
Beim NMD-Programm soll diese Phase vorrangig zur Bekämpfung anfliegender Gefechtsköpfe genutzt werden.

## Wiedereintritt in die Atmosphäre/Zielanflug

Der Wiedereintritt in die Atmosphäre bietet die längste Reaktionszeit: je nach Flugbahn bis zu 45 Minuten nach dem Start der zu bekämpfenden Rakete. Es ist am ehesten möglich, betroffene Ziele und Flugbahnen zu bestimmen, um den Abfangvorgang zu koordinieren – jedenfalls bei ballistischen Raketen. Ebenso können Attrappen besser ausgeschlossen werden, falls diese beim Eintritt in die Atmosphäre verglühen sollten.
Beim Wiedereintritt sind allerdings aktive Ausweichmanöver der Gefechtsköpfe möglich, so z. B. ein *Manövrieren* im hohen Überschallbereich in der oberen Atmosphäre, etwa durch MARV.
Das NMD-Programm deckt nur einen Teil aller Angriffsphasen ab. Es stellt praktisch einen Kompromiss zwischen maximaler Reaktionszeit und möglichst einfacher Bekämpfung dar. Am problema-

tischsten ist dabei, Verfahren und Techniken für eine schnelle Evaluierung und Entscheidung zu entwickeln, da bei einem Angriff 20 bis maximal 35 Minuten zwischen Start und Einschlag zur Verfügung stehen.

**Die Testbilanz der NMD bis Dezember 2008**

Nach einer Mitteilung der *Missile Defense Agency* hat eine bodengestützte, von der Vandenberg Air Force Base in Kalifornien gestartete Rakete Ende September 2007 erfolgreich ein Zielprojektil über dem Pazifik abgefangen, das vom Kodiak Launch Complex in Alaska abgefeuert worden war. Einem Sprecher der MDA zufolge erfasste das kurz zuvor aufgerüstete Frühwarnradar der Beale Air Force Base in Kalifornien das „angreifende" Geschoss unmittelbar nach dem Start. Die Demonstration dieser Fähigkeit war dem US-Raketenabwehramt zufolge das Anliegen des Tests, der der zwölfte dieser Art seit 1999 war. Vier davon waren Fehlschläge; ein Test im Mai 2007, als eine Abfangrakete nicht abhob, wurde zum „Nicht-Test" erklärt. Jeder dieser Versuche kostet rund 100 Millionen Dollar. Am 5. Dezember 2008 gab es einen weiteren Test, welcher das Abfangen eines auf Kodiak Island (Alaska) gestarteten Zieles durch einen GBI der Vandenberg Air Force Base beinhaltete. Laut der amerikanischen Luftwaffe wurden alle gesteckten Ziele des Tests erfolgreich absolviert.

**Stationierungsorte**

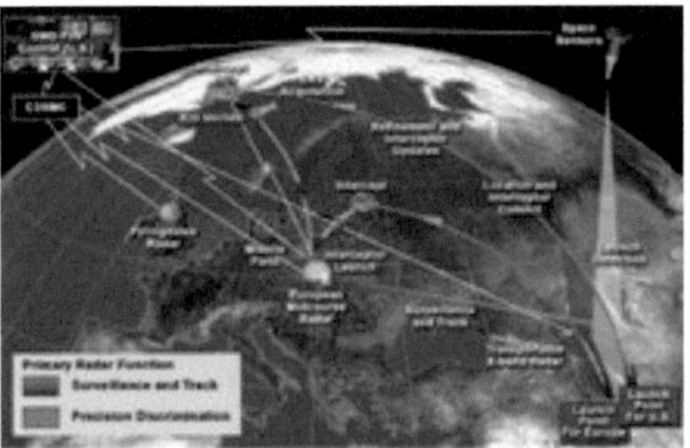

Das von den USA unter George W. Bush ursprünglich geplante europäische
Raketenabwehrprogramm

Ground Based Interceptors (GBIs) sind seit 2004 als initiale Vertei-
digungskapazität in Alaska und Kalifornien stationiert. In Fort
Greely (Alaska) stehen derzeit 20 GBIs im Dienst , auf der Vandenberg Air Force Base (Kalifornien) vier weitere. Weitere zehn Raketen sollten ursprünglich in Redzikowo bei Słupsk (Polen) stationiert
werden und ein X-Band Radar in Brdy (Tschechische Republik).

## Überarbeitung der NMD-Strategie durch die Regierung Obama

Am 17. September 2009 kündigte US-Präsident Barack Obama an,
vorläufig auf die Stützpunkte in Polen und Tschechien zu verzich-
ten. Am 20. September 2009 meldete der Londoner „Guardian"
zudem, Obama wolle auch die bereits zu seinem Regierungsantritt
angekündigte umfassende Revision der US-Nukleardoktrin verstärkt in Angriff nehmen.
Der russische Ministerpräsident Wladimir Putin lobte den Verzicht
des US-Präsidenten auf das bisherige US-Raketenabwehrprojekt in
Mitteleuropa als „mutigen Schritt", forderte aber weitergehende
Schritte wie zum Beispiel die Aufhebung der Handelsschranken
zwischen Russland und den USA. Barack Obama wies Bezichti-
gungen zurück, russischer Druck habe zu seiner Maßnahme geführt:

„Die Russen treffen keine Entscheidung über das, was unsere Haltung in Verteidigungsfragen ist." Wenn es ein „Nebenprodukt" sei, dass „sich die Russen weniger paranoid" fühlten, sei das „eine Dreingabe" *[bonus]*, so Obama im US-Fernsehsender CBS. Der ehemalige polnische Ministerpräsident Aleksander Kwasniewski meinte, natürlich könne „man Obamas Entscheidung als Triumph der Russen betrachten." Es sei jedoch „keine Überraschung, dass die Amerikaner ihre Pläne geändert haben. Es war schon während der Wahlkampagne Obamas die Rede davon, dass die Bedrohungssituation, die technische Machbarkeit und die Kosten des Projektes überprüft werden müssen." Kwasniewski teilte jedoch die Sorge des ehemaligen tschechischen Premiers Mirek Topolanek, dass „die ganze Region für Washington an Gewicht verliere". Im Gegensatz zu den teilweise euphorischen Reaktionen bei Medien wie Regierungen darauf gab sich der russische Militärexperte Leonid Iwaschow skeptisch: „Die Position der USA in Bezug auf die Raketenabwehr in Europa hat sich nicht geändert", zitierte ihn die RIA Nowosti. Was die Amerikaner als Zugeständnis bezeichneten, „ist in der Tat wieder eine Lüge".
Künftig wollen sich die Vereinigten Staaten vornehmlich auf erprobte land- und seegestützte Kurz- und Mittelstreckenraketen verlassen, nachdem die US-Regierung laut eigenem Bekunden zu einer geänderten Einschätzung der iranischen Langstreckenkapazitäten und -fähigkeiten gelangt war. Nach den Worten des US-Verteidigungsministers Robert Gates sollen daher nunmehr bis 2015 eine erhebliche Anzahl bodengestützter SM-3-Abfangraketen in Süd- und Mitteleuropa stationiert werden und damit weit mehr als die vordem geplanten zehn ausschließlich in Polen. Der neue Plan soll nach bisherigem Kenntnisstand in vier Phasen bis zum Jahr 2020 umgesetzt werden.

Dem russischen Präsidenten Dmitri Medwedew zufolge muss der Raketenschutzschild einen weltumspannenden Charakter haben statt

von einzelnen Staaten isoliert aufgebaut zu werden. „Es handelt sich
um globale Fragen", erklärte Medwedew in einem CNN-Interview
und verwies u.a. auf die Probleme im Nahen Osten sowie auf der
Korea-Halbinsel. „Deshalb muss das Schutzsystem von globaler
Dimension sein statt aus einer geringen Anzahl von Raketen zu be-
stehen, die nur unser Territorium erreichen können, ohne andere
Gebiete abzudecken. Ich hoffe, dass unsere amerikanischen Partner
dies erhört haben." Medwedew gab sich optimistisch, dass Moskau
und Washington noch bis zum Jahreswechsel 2009/2010 einen neu-
en Vertrag über den Abbau der strategischen Nuklearwaffen
(START) vereinbaren können. Gleichzeitig wandte er sich erneut
gegen eine beschleunigte Einbindung jener Staaten in die NATO,
die dazu noch nicht bereit seien, und schlug der Allianz vor, ge-
meinsame Institutionen zu entwickeln.
Irans Oberster Rechtsgelehrter Ali Chamene'i verwarf am 20. September 2009 die Absichten der Regierung Obama: „Unter seinem
früheren Präsidenten scheute Amerika keine Mühe sowohl gegen
die muslimische Welt als auch gegen den Iran", so das iranische
Staatsoberhaupt. Auch die gegenwärtige Regierung folge trotz
„scheinbar freundlicher Worte und Botschaften" der gleichen „anti-
islamischen und anti-iranischen Politik der Vergangenheit". Die
westlichen Besorgnisse mit Blick auf das Nuklearprogramm des
Iran seien „bloß ein Lügenmärchen der Vereinigten Staaten".
In den USA sprachen sich zwei Senatoren (ein Republikaner und
ein Demokrat) und ein ehemaliger General der US-Luftwaffe erneut
nachdrücklich für eine harte Haltung gegenüber Teheran aus, die
letztendlich auch eine militärische Option umfassen müsse.
Am 19. November 2010 legte sich die NATO in ihrem neuen Strategischen Konzept auf den Bau des Schildes fest und bekräftigte
den Wunsch nach einer Zusammenarbeit mit Russland in dem Gebiet.

Am 2. Februar 2012 wurde der Aufbau des europäischen NATO-Raketenabwehrprogramms bekanntgegeben. Das Hauptquartier hierfür befindet sich auf der Ramstein Air Base in Deutschland, zugleich Stützpunkt des Allied Air Command Ramstein. Hierzu gehört auch die Extended Air Defence Task Force, an der neben den USA auch Deutschland und die Niederlande beteiligt sind. Das Raketenabwehrsystem soll bis 2020 bzw. 2022 aufgebaut sein. Eine erste Einsatzfähigkeit will die Nato auf einem für Ende Mai angesetzten Gipfeltreffen in Chicago (USA) verkünden. Die USA und Rumänien haben unterdessen am 31. Januar 2012 ein Verteidigungsabkommen unterzeichnet, dass ab 2015 ermöglicht 24 SM-3-Abwehrraketen und bis zu 200 US-Soldaten auf dem Militärflugplatz Deveselu zu stationieren. Ein weiterer Stützpunkt soll ab 2018 in Polen errichtet werden.

**Sensoren und Waffensysteme**

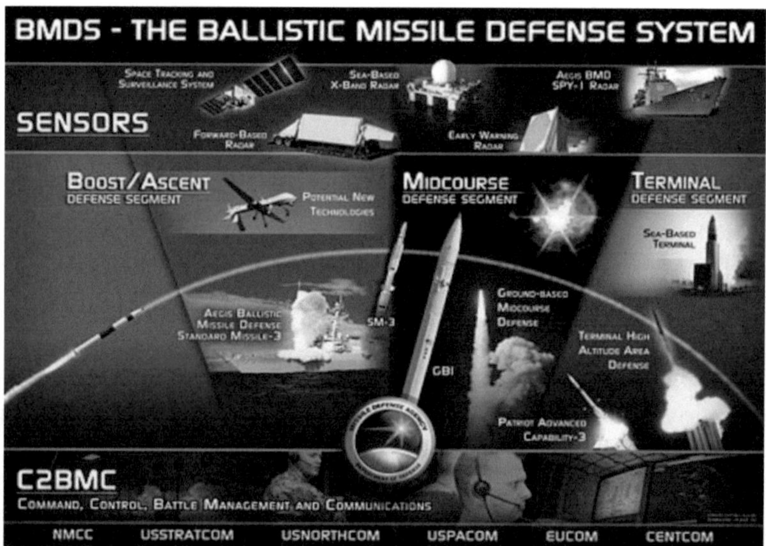


Überblick über das Ballistic Missile Defense System (BMDS) der USA (Darstellung der Missile Defense Agency (MDA), 2010)

PAVE PAWS Radarstation bei der Beale Air Force Base in Kalifornien, USA, unter anderem zur Erfassung von Starts von Submarine Launched Ballistic Missiles im Pazifik

| Sensoren | | | |
|---|---|---|---|
| **Bezeichnung** | **Stationie-rung** | **Ortungs-technik** | **Anmerkungen** |
| Defense Support Program | Weltraum (GEO) | Infrarot | Endgültig letzter Start im November 2007 |
| STSS | Weltraum (LEO) | Infrarot | Gestartet am 25. September 2009 |
| SBIRS-GEO | Weltraum (GEO) | Infrarot | Gestartet am 7. Mai 2011 |
| SBIRS-HEO | Weltraum (HEO) | Infrarot | Gestartet am 28. Juni 2006 |
| AN/FPS-108 Cobra Dane | Boden, fest | Radar | 1 Station aktiv |

| Sensoren | | | |
|---|---|---|---|
| **Bezeichnung** | **Stationie-rung** | **Ortungs-technik** | **Anmerkungen** |
| PAVE PAWS | Boden, fest | Radar | 3 Stationen aktiv |
| BMEWS | Boden, fest | Radar | 3 Stationen aktiv |
| AN/TPY-2 | Boden, mobil | Radar | Meist Teil von THAAD |
| AN/TPS-59 | Boden, mobil | Radar | |
| Sea-Based X-Band Radar | See | Radar | |

| Waffensysteme | | | | |
|---|---|---|---|---|
| **Bezeichnung** | **Stationierung** | **Einsatz gegend** | **Lenkung** | **Anmerkungen** |
| Ground-Based Interceptor (GBI) | Boden, fest | IRBM bis ICBM | Infrarot | |
| Terminal High Altitude Area Defense | Boden, mobil | SRBM | Radar + Infrarot | |
| MIM-104 Patriot | Boden, mobil | SRBM bis MRBM | Radar | Gefechtser-probt |
| Kinetic Energy | Boden, mobil | SRBM bis ICBM | Radar | |

| Waffensysteme | | | | |
|---|---|---|---|---|
| **Bezeichnung** | **Stationierung** | **Einsatz gegend** | **Lenkung** | **Anmerkungen** |
| Interceptor | | | | |
| Arrow | Boden, mobil | SRBM bis MRBM | Radar | Einsatz nur durch Israel, angebunden an NMD-Sensoren |
| SM-3 | See | SRBM bis IRBM | Radar + Infrarot | |
| NT-SBT | See | SRBM | Radar | |
| BoeingYAL1 | Luft | SRBM bis TBM | Infrarot | |
| NCADE | Luft | SRBM | Infrarot | |

## Auswirkungen

Das *Sea-based X-band Radar (SBX)*, das weltgrößte X-Band-Radar, hier während Modernisierungsarbeiten in Pearl Harbor im Januar 2006.

Das *National Missile Defense* Projekt könnte zu einer erneuten Aufrüstung der Atommächte führen. So kündigte das russische Militär bereits neue Langstreckenraketen an, die über drei in der freien Flugphase lenkbare Sprengköpfe sowie über zusätzliche Attrappen verfügen sollen, womit sie die bisherigen Konzepte der NMD, wie oben erwähnt, weitestgehend nutzlos machen würden. Dabei ist allerdings zu beachten, dass Russland seit längerem plant, seine SS-18 und SS-19 Interkontinentalraketen zu ersetzen. Die Tatsache, dass dessen ungeachtet gleichwohl eine geringe Anzahl anfliegender Raketen bzw. Sprengköpfe abgewehrt werden können, würde das Wettrüsten voraussichtlich zusätzlich beschleunigen. Um eine glaubwürdige Abschreckung aufrechtzuerhalten, wäre zum Beispiel China gezwungen, sein Atomwaffenarsenal aufzustocken sowie eine verlässliche Zweitschlagfähigkeit seiner U-Bootflotte zu erreichen . Davon könnten sich wiederum Pakistan und Indien gefährdet fühlen und ihrerseits ihre Arsenale vergrößern und modernisieren. „Chinas bescheidener Ausbau seiner nuklearen Raketenstreitkräfte wird dazu betrieben, um es in die Lage zu versetzen, gegenwärtige und künftige Raketenverteidigungssysteme der USA überwinden zu können. Eine dieser Technologien wären Mehrfach-Gefechtsköpfe, um die Raketenabwehr zu überfordern", hielt der US-Militärexperte Rick Fisher dazu 2005 fest.
Der Verzicht der Obama-Regierung auf die Stationierung von Raketenabwehrsystemen bei Stolp in Hinterpommern und in Tschechien, die sich nach dem Empfinden der russischen Regierung in erster Linie gegen Russland richtete, hat wesentlich mit dazu beigetragen, dass Obama am 9. Oktober 2009 der Friedensnobelpreis verliehen wurde.

**Zitate**

„Wir 'stellen' die Raketenabwehr nicht 'zurück'. Wir verwirklichen die Raketenabwehr rascher, als es die Bush-Regierung plante. Und wir stellen ein umfangreicheres System auf.“
*– US-Außenministerin Hillary Rodham Clinton am 18. September 2009 in einer Rede vor der Brookings Institution, Mitschrift*

# Kapitel 2:
# Interkontinentalraketen der UdSSR bzw. Russlands

## R-7

R-7 in Moskau

Die **R-7** (Semjorka, russisch Семёрка) (auf Deutsch (die) Sieben (für die Zahl 7)) war die weltweit erste Interkontinentalrakete. Sie wurde in der Sowjetunion entwickelt und ist bis heute als im Wesentlichen unveränderte Sojus im Einsatz. Die R-7 ist die zuverlässigste und am meisten eingesetzte Trägerrakete in der Raumfahrt überhaupt. Ab 1953 wurde sie unter der Leitung von Sergei Pawlowitsch Koroljow gebaut und eingesetzt. Mangels einer offiziellen russischen Bezeichnung wurde im Westen anfangs der DIA-Code **SS-6** oder der NATO-Codename **Sapwood** (engl. für Splintholz) benutzt.

Die erste R-7 hatte eine Höhe von 34 m, einen Durchmesser von 3 m, wog 280 t, hatte zwei Stufen und wurde von Triebwerken angetrieben, die flüssigen Sauerstoff und RP-1, eine Kerosinart, als Treibstoff verwendeten. Als ballistische Rakete konnte eine R-7 ihre Nutzlast bis zu 8800 km weit tragen, wobei die Treffgenauigkeit bei etwa 5 km lag.

**Entwicklung**

Die Entwicklung begann 1953 im OKB–1 (heute RKK Energija) in Kaliningrad bei Moskau mit dem Ziel, eine zweistufige Interkontinentalrakete mit einer Startmasse von 170 t zu entwerfen. Sie sollte einen 3000 kg schweren Sprengkopf bis zu 8000 km weit tragen. Die ersten Bodentests fanden bereits 1953 statt, gefolgt von einer weitgehenden Überarbeitung des anfänglichen Designs. Das endgültige Design der R-7 wurde erst im Mai 1954 genehmigt. Der erste Testflug der neuen Rakete, die nun den GRAU-Index 8K71 trug, fand am 15. Mai 1957 vom Kosmodrom Baikonur aus statt. Ein Feuer in einem der Booster führte zu einem Absturz der Rakete 400 km vom Startplatz entfernt. Nach einem weiteren Fehlversuch fand der erste erfolgreiche Testflug am 21. August 1957 statt, wobei die Rakete eine Entfernung von 6000 km zurücklegte. Dieser Testflug wurde am 26. August von der sowjetischen Nachrichtenagentur TASS offiziell bekanntgegeben. Schließlich brachte eine modifizierte Version der R-7 am 4. Oktober 1957 von Baikonur aus Sputnik 1 in den Erdorbit, den weltweit ersten künstlichen Satelliten. Am 3. November folgte ein weiterer erfolgreicher Start mit Sputnik 2 an Bord.
Nach diesen ersten Tests wurde offensichtlich, dass weitere Modifikationen an der Rakete nötig waren. Deshalb gingen die Testflüge bis zum Dezember 1959 weiter. Die zusätzlichen Modifikationen führten zur verbesserten R-7 mit dem GRAU-Index 8K74, die im Vergleich zur 8K71 leichter war und über bessere Navigationssy-

steme verfügte. Ferner wies die 8K74 stärkere Triebwerke und eine höhere Treibstoffkapazität auf und kam so auf eine Reichweite von 12000 km und eine Nutzlastkapazität von 5370 kg.

**Technik**

Triebwerke der ersten und zweiten Stufe einer Sojus-Rakete, die der R-7 sehr ähnlich sind

Kernproblem der sowjetischen Raketenentwicklung war zunächst, in kurzer Zeit große Nuklearsprengköpfe interkontinental zu bewegen. Daher wurde intensiv nach leistungsfähigen Konzepten gesucht, bei denen Entwicklungszeit für Raketenmotoren gespart werden konnte. Als das vielversprechendste zeigte sich die Bündelung gleichartiger Antriebe mit gleichzeitiger Zündung aller Stufen am Boden. So konnte vor dem Abheben der Rakete geprüft werden, ob alle Triebwerke fehlerfrei arbeiten, erst dann wurde die Rakete vom Starttisch freigegeben.

Eine Interkontinentalrakete war jedoch nur mit einem zweistufigen Konzept realisierbar. Dies verwirklichte man durch eine längere Zentralstufe für das mittlere Triebwerk, die nach der Abtrennung der äußeren vier Stufen (Booster) die Nutzlast weiter beschleunigte. Auch ging man damit dem Problem aus dem Weg, die zweite Stufe der Rakete im Flug zünden zu müssen, was seinerzeit technologisch noch nicht gelöst war.

Die Zentralstufe (2.Stufe) der R-7 verwendete ein RD-108 Raketentriebwerk mit vier Brennkammern, die RP-1 und flüssigen Sauerstoff (LOX) verbrannten. Bei den Boostern wurden mit RD-107 fast die gleichen Triebwerke verwendet. Als Steuerung eigneten sich bei der relativ symmetrischen Schubcharakteristik einfache Kreiselsysteme mit Zeitschaltelementen. Die Grundrichtung wurde durch einen drehbaren Starttisch vorgegeben. Erst der Start größerer Satelliten auf definierte Umlaufbahnen erforderte Oberstufen.

Da man in den 50er Jahren noch über keine Erfahrungen im Betrieb und Start größerer Raketen verfügte und Beschädigungen der ziemlich breiten R-7 durch Windstöße befürchtete, entwarfen die Ingenieure für die R-7 einen ausgeklügelten Starttisch, der auch bei ihren Nachfolgern zum Einsatz kam:

Die Rakete stand nicht auf einer Plattform, sondern wurde an ihren seitlichen Boostern so aufgehängt, dass sich die Startarme wie die Blätter einer Blume um sie schlossen; das Prinzip wurde daher auch "Tulpe" genannt. Beim Start öffneten sich die Arme genau in dem Moment, als der Schub der Triebwerke das Eigengewicht der Rakete ausglich und erst dann konnte die Rakete den Starttisch verlassen. Dadurch wurde auch sichergestellt, dass ein Abheben nur dann erfolgte, wenn alle Booster gleichmäßig Schub lieferten. Das Konzept erscheint im Vergleich zu Starttischen späterer Raketen kompliziert, in den fast 50 Jahren des Betriebs der R-7 und ihrer Nachfolger gab es aber keinen Zwischenfall an der Startanlage.

**Einsatz als Interkontinentalrakete**

Die erste Einheit der Strategischen Raketentruppen wurde am 9. Februar 1959 in Plessezk in Dienst gestellt. Am 15. Dezember 1959 startete von Plessezk aus die erste R-7.

Obwohl technisch ein Erfolg, wird R-7 in der Rolle eines Waffensystems als Fehlschlag angesehen. Insgesamt wurden nur sechs Startplätze in Dienst gestellt - vier in Plessezk und zwei in Baikonur. Die Kosten des Systems waren immens, in erster Linie aufgrund von Schwierigkeiten beim Bau komplexer Startanlagen in entlegenen Regionen. Allerdings waren diese enormen Kosten für alle Raketen der ersten Generation aufzubringen, sowohl durch die Sowjetunion als auch durch die USA, die ähnliche Probleme und Fehlschläge bei ihren Raketen-Programmen in Kauf nehmen mussten.

Außer den hohen Betriebskosten traten beim Einsatz von R-7 weitere gravierende Probleme auf. So konnten die Startanlagen der R-7 aufgrund ihrer Größe nicht vor den Kameras der U-2-Spionageflugzeuge versteckt werden und wären daher im Falle eines Nuklearkrieges vermutlich schnell zerstört worden. Außerdem brauchte eine einzelne R-7 etwa zwanzig Stunden für die Startvorbereitung und konnte aufgrund des Tieftemperatur-Treibstoffes nicht länger als einen Tag auf der Startrampe verbleiben. Somit konnten sowjetische Interkontinentalraketen nicht in ständiger Gefechtsbereitschaft gehalten werden und wären im Konfliktfall wahrscheinlich noch vor dem Start durch US-Bomber zerstört worden. Der Misserfolg der R-7 bewog die Sowjetunion zu einer schnellen Entwicklung von Interkontinentalraketen der zweiten Generation. Die 8K71- und 8K74-Varianten wurden unter den Bezeichnungen R-7 und R-7A produziert. Die Raketen wurden erst 1962 im vollen Umfang in Dienst gestellt und bereits 1968 wieder ausgemustert.

**Einsatz als Trägerrakete**

Obwohl als Waffensystem ein Misserfolg, wurde die R-7 zu einer Familie von Trägerraketen für die Raumfahrt weiterentwickelt, die seitdem intensiv zum Starten von unterschiedlichsten Nutzlasten, u. a. von bemannten Raumschiffen und interplanetaren Raumsonden bis heute eingesetzt wird. Der erste Satellit wurde noch mit einer gewöhnlichen R-7 gestartet, die dadurch den Namen *Sputnik* erhielt. Lediglich die Sektion der Rakete, die den Sprengkopf und die

Flugsteuerung enthielt, wurde abgebaut und an ihre Stelle kam ein kleinerer konischer Adapter, der nur die für einen Flug notwendigsten Systeme enthielt. Später entstand durch Modifizierungen an den Triebwerken die *Sputnik-3*-Rakete, die nach einem anfänglichen Fehlstart am 15. Mai 1958 den Sputnik-3-Satelliten ins All beförderte. Die weiteren Modifizierungen der R-7 betrafen das Hinzufügen von neuen Stufen, neue Triebwerke usw. Im Laufe der Jahre entstanden mehrere Varianten der Trägerraketen, die ständig modifiziert wurden und heute zu den weltweit robustesten und zuverlässigsten Raketen zählen:

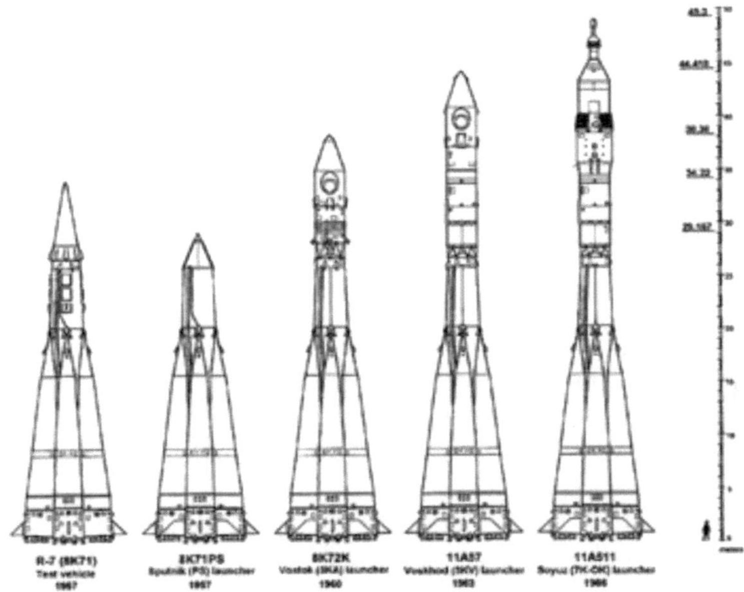


- Wostok: eine R-7 mit einer zusätzlichen dritten Stufe, Erststart 1958, heute nicht mehr im Einsatz
- Luna: eine andere Bezeichnung einer frühen Version der Wostok, startete die ersten Lunik-Sonden, heute nicht mehr im Einsatz

- Molnija: eine R-7 mit einer neuen und größeren dritten Stufe und einer vierten Stufe für hochfliegende Satelliten und interplanetare Raumsonden, Erststart 1960, bis heute im Einsatz
- Woschod: eine Molnija ohne die vierte Stufe für Nutzlasten in niedrige Orbits, Erststart 1963, heute nicht mehr im Einsatz
- Poljot: eine zweistufige Version der Woschod, Erststart 1963, heute nicht mehr im Einsatz
- Sojus: eine leicht modifizierte Woschod, Erststart 1966, bis heute im Einsatz
- Sojus-Fregat: eine Sojus mit zusätzlicher vierter Stufe (Fregat) für hochfliegende Satelliten und interplanetare Raumsonden, Erststart 2000, bis heute im Einsatz
- Sojus 2: eine Sojus mit digitaler Flugsteuerung und neuer dritter Stufe, Erststart 2004
- Jamal/Aurora/Onega/Sojus 3: geplante bzw. vorgeschlagene Weiterentwicklungen der Sojus, die über eine Zentralstufe mit größerem Durchmesser, neue Drittstufe, andere Triebwerke und eine gegenüber der Sojus etwa um 1/4 höhere Startmasse verfügen, derzeit in der Konzeptstudie-Phase

## R-16 (Rakete)

Die **R-16** (NATO-Codename **SS-7 Saddler**, GRAU-Index **8K64**) war die erste in Serie gefertigte Interkontinentalrakete der UdSSR. Sie wurde ab 1957 entwickelt, die Testphase begann 1960. Die Gründe dafür waren größere Schwierigkeiten bei Produktion und Wartung der R-7. 1962 erfolgte die Indienststellung und der Bestand betrug 1965 maximal 202 Stück. Ab 1976 wurde ihre Zahl zurückgeschraubt, um schließlich im Rahmen des SALT-I-Abkommens außer Dienst gestellt zu werden.

Die Rakete war über 30 Meter lang, hatte einen Durchmesser von drei Metern und eine Masse von 141 Tonnen. Als Treibstoff diente die hypergolische Mischung aus UDMH als Treibstoff und dem Oxidator Salpetersäure, insgesamt 124 Tonnen. Sie konnte Nuklearsprengköpfe mit einer Sprengkraft von drei bis sechs Megatonnen 11.000 bis 13.000 km weit tragen. Die Raketen wurden in Hangars gelagert und konnten binnen drei Stunden in Stellung gebracht und befüllt werden. In befüllter Bereitschaft stehend, konnte der Start nach 20 Minuten erfolgen, nachdem die Gyroskope des Steuersystems angelaufen waren. In befüllter Bereitschaft konnten die Raketen nur einige Tage bleiben. Danach mussten die aggressiven Treibstoffe abgelassen und die Raketen zur Revision ins Herstellerwerk gebracht werden.

Durch die hohe Reichweite der R-16 war die Sowjetunion erstmals in der Lage, die Zentren in den Vereinigten Staaten treffen zu können, vorausgesetzt, sie überflöge dabei den Nordpol. Ihr Circular Error Probable (CEP) betrug 2,7 km; dies bedeutet, dass ein Treffer mit einer Wahrscheinlichkeit von 50 % innerhalb eines Radius von 2,7 km lag. Während die erste Stufe quasi ausschließlich ballistisch in Richtung Ziel befördert wurde, steuerte ein bordeigenes Flugleitsystem die zweite Stufe, zusätzlich waren bodenkontrollierte Korrekturen der Flugbahn möglich. Aufgrund der ungenaueren Zielgenauigkeit wurden sie häufig mit Sprengköpfen von 5 Megatonnen bestückt.

Aufgrund der Tatsache, dass dieses Modell nicht auf Paraden in Moskau oder anderen sowjetischen Städten gezeigt wurde, hatten die westliche Geheimdienste nur geringe Daten und verwechselten sie oft mit ihrem Nachfolger, der R-9 (SS-8 Sasin). Insgesamt wurden drei verschiedene Varianten der R-16 gebaut, mit unterschiedlicher Beladung und Reichweite. Außerdem gab es noch Modifikationen, die zur Stationierung in Silos tauglich waren, wodurch die NATO von vier verschiedenen Modellen gleichen Typs ausging. Bei der Erprobung der Rakete kam es 1960 zur Nedelin-Katastrophe, die als größtes Unglück der Raketentechnik gilt.

# R-36

Eine R-36 im Mai 1984

Eine R-36 auf einer Militärparade im Januar 1977

Die **R-36** (DIA-Code: **SS-9** NATO-Codename: **Scarp**) war eine silo-basierte ballistische Interkontinentalrakete, die zur Zeit des Kalten Krieges in der Sowjetunion entwickelt wurde. Sie war die erste der dritten Generation sowjetischer ICBMs, die auf den existierenden R-16 (SS-7 Saddler) und R-9 (SS-8 Sasin) Entwürfen aufbaute. Es wird angenommen, dass sie ursprünglich für den Angriff auf große Flächenziele wie Städte konzipiert wurde, spätere Versionen jedoch für die Zerstörung US-amerikanischer Minuteman-Silos geplant waren. Sowjetische Quellen bestätigen nur letzteres. Die Reichweite erlaubte es, jedes Ziel innerhalb der USA und Europas von Basen in der Sowjetunion zu erreichen. Als Treibstoff verwendete die R-36 die lagerfähigen Flüssigtreibstoffe UDMH und Stickstofftetroxid.

Es gab vier Versionen der R-36:

- Modell 1 mit einem nuklearen Standard-Gefechtskopf (GRAU-Index 8K67)
- Modell 2 mit einem Kernfusions-Gefechtskopf von 25 Megatonnen TNT-Äquivalent, der doppelten Stärke von Modell 1. Dieser sollte in der Lage sein, die Startsilos in den USA trotz geringer Treffgenauigkeit zu zerstören.
- Modell 3 - auch als **R-36-O** oder **R-36orb** bezeichnet (GRAU-Index 8K69). Hier wurde erstmals das FOBS-System angewendet (engl. *Fractional Orbital Bombardment System*), dass es der Sowjetunion ermöglichte, die USA über den Südpol anzugreifen und so die auf den Nordpol orientierte Radar-Warnkette in Nordamerika und Nordeuropa zu umgehen. Dazu wurde der Gefechtskopf auf eine niedrige Erdumlaufbahn gebracht, von wo aus er jeden Punkt der Erde erreichen konnte. Vor dem Zielgebiet musste er lediglich durch Bremsraketen zum Verlassen des Orbits gebracht werden.
- Modell 4 verwendete drei getrennte Gefechtsköpfe (engl. *Multiple Reentry Vehicles, MRV*), gelenkt durch ein gemeinsames Steuerungssystem, um der möglichen Raketenabwehr in der Endphase zu entgehen.

Alle Versionen waren zweistufige Flüssigtreibstoff-Raketen und wurden aus Silos gestartet. Die Entwicklung der R-36 begann 1962. Modell 1 und 2 wurden 1967 und Modell 3 und 4 1968 in Dienst gestellt. 1971 waren maximal 255 Raketen der Modelle 1 bis 3 stationiert. Von Modell 4 waren 1973 100 Stück verfügbar. 1979 wurden alle Raketen bis auf Modell 3 außer Dienst gestellt. Modell 3 fiel dann unter den SALT-II-Vertrag, die letzte Rakete wurde im Februar 1983 aus dem Startsilo entfernt. Das Nachfolgemodell der SS-9 war die spätere SS-18 Satan.

Die R-36 bildete die Grundlage für die Raumflug-Trägerrakete vom Typ Zyklon. Die Konstruktion erfolgte im Konstruktionsbüro Michail Kusmitsch Jangel, hergestellt wurde die Rakete in Dnjepropetrowsk in der Ukraine.

## R-36M

US-Senator Richard Lugar inspiziert die Demilitarisierung einer R-36M Interkontinentalrakete

Start einer Dnepr-Rakete, einer demilitarisierten R-36MUTTCh (SS-18 mod 4)

Die **R-36M** (NATO-Codename SS-18 Satan) ist eine ballistische Interkontinentalrakete aus sowjetischer Produktion. Der GRAU-Index lautet **15A14**, die herstellerinterne Bezeichnung wird mit **R-36M „Wojewoda"** angegeben. Der Systemindex der russischen Streitkräfte lautet **RS-20**.

## Entwicklung

Die R-36M entstand als Nachfolgesystem der R-36 (SS-9 Scarp). Das neue System wurde ab 1976 von den Strategischen Raketentruppen in Dienst gestellt und war zur Bekämpfung von verbunkerten Zielen wie Raketensilos konzipiert. Die SS-18 war die größte während des Kalten Krieges gebaute und in Dienst gestellte Interkontinentalrakete. Mit der R-36M lassen sich sämtliche strategischen Ziele wie gehärtete Raketensilos und untcrirdische Kommandobunker bekämpfen.

Maximal waren 308 Raketen gleichzeitig stationiert. Sämtliche Raketen wurden in speziellen Silos stationiert. Es gab folgende R-36M Basen:

- Aleisk (30 Silos, stillgelegt)
- Imeni Gastello (52 Silos, stillgelegt; Gebiet Aqmola, Kasachstan)
- Kartaly-6 (46 Silos, stillgelegt; heute Lokomotiwny)
- Komarowski (früher *Dombarowski-3*) bei Jasny (64 Silos, 31 aktiv; unterstehen der 13. Raketendivision der RWSN)
- Schangystobe (52 Silos, stillgelegt; russisch Dschangis-Tobe, Ostkasachstan)
- Solnetschny (früher *Uschur-4*) bei Uschur (64 Silos, 28 aktiv; unterstehen der 62. Raketendivision der RWSN)

Die R-36M wurde immer wieder der aktuellen Bedrohungslage angepasst. So entstanden die folgenden Varianten:

- RS-20A SS-18 (Satan mod 1) mit einem Multimegatonnen-Sprengkopf und einer Reichweite von 11.200 km
- RS-20A1 SS-18 (Satan mod 2) mit acht MIRV-Sprengköpfen und einer Reichweite von 10.200 km
- RS-20A2 Wojewoda (SS-18 Satan mod 3) mit acht MIRV-Sprengköpfen und einer Reichweite von 16.000 km
- RS-20B SS-18 (Satan mod 4/5) mit zehn MIRV-Sprengköpfen und einer Reichweite von 11.000 km oder 1 x 20MT
- RS-20V Ikar (SS-18 Satan mod 6) mit zehn MIRV-Sprengköpfen und einer Reichweite von 11.000 km

Nicht realisierte Varianten

- Version RS-20A-1 mit 38 MIRV-Sprengköpfen mit einer Sprengkraft zu je 250 kT
- Version RS-20A-2 mit 24 MIRV-Sprengköpfen mit einer Sprengkraft zu je 500 kT
- Version RS-20S-3 mit 17 MIRV-Sprengköpfen mit einer Sprengkraft zu je 1000 kT

Weitere Projekte

- Projekt RS-20A2-12 mit 28 MARV-Sprengköpfen mit einer Sprengkraft zu je 250 kT
- Projekt RS-20B-14 mit 19 MARV-Sprengköpfen mit einer Sprengkraft zu je 500 kT

In den 1980er-Jahren arbeitete man auch an einer Variante, die mit zehn MIRV-Sprengköpfen mit Milzbranderregern bestückt war.

Zivile Version

- Ausgemusterte R-36MUTTCh (SS-18 Mod 4) werden von der russisch-ukrainischen Firma ISC Kosmotras als Dnepr-Trägerrakete gestartet.

**Technik**

Die R-36M ist Nachfolger der R-36. Alle Versionen sind zweistufige Flüssigtreibstoff-Raketen. Als Treibstoff wurden für die R-36M die lagerfähigen Flüssigtreibstoffe UDMH und Stickstofftetroxid eingesetzt. Die MIRV-Sprengköpfe sind auf einem sogenannten Post-Boost-Vehicle (PBV) montiert. Die Steuerung der SS-18 erfolgt mittels einer Trägheitsnavigationsplattform. Sie erreicht je nach Version eine Präzision (CEP) von 250 bis 500 m. Die Lenkwaffen werden kalt aus speziell gepanzerten Silos gestartet, die in der Nähe stattfindenden Nuklearexplosionen widerstehen können. Diese Silos können einem Außendruck von 422 kg/cm² (430 bar) standhalten.

**Status**

Die R-36M in ihren verschiedenen Varianten bildete während den 1980er- und 1990er-Jahren das Rückgrat der russischen Nuklearstreitkräfte. Im Juli des Jahres 2009 besaßen die russischen Streitkräfte noch 59 R-36MUTTCh/M2-Systeme. Die R-36MUTTCh (Mod 4) sollen komplett ausgemustert werden, während die R-36M2 (Mod 5) bis in den Zeitraum 2015 bis 2020 in Dienst bleiben soll. Die derzeit noch in Dienst befindlichen R-36MUTTCh wurden wahrscheinlich 1986 stationiert und tragen einen einzelnen 20-MT-Sprengkopf. Die aktiven R-36M2 stammen aus den Jahren 1988 bis 1992 und tragen jeweils 10 800-kT-Sprengköpfe. Zur Instandhaltung der Raketen wurde 2006 ein Vertrag zwischen der Ukraine und

Russland geschlossen, der 2008 von der Duma ratifiziert wurde. Der bisher letzte Start einer R-36 MUTTCh (Mod 4 als Dnepr) fand am 29. Juli 2009 von Baikonur statt, eine R-36M2 (Mod 6) wurde zuletzt am 24. Dezember 2009 von Dombarowski gestartet. Laut russischen Medien wird bereits ein Nachfolger entwickelt.

## UR-100

Von einem MAZ-537 gezogene UR-100 in ihrem Startkanister

Die **UR-100** (GRAU-Index: **8K84**; sowjetische Vertragsbezeichnung: RS-10; DIA-Code: **SS-11**; NATO-Codename: **Sego**) war eine Interkontinentalrakete, welche in der Sowjetunion entwickelt, gebaut und stationiert wurde. Sie war in den 1970er Jahren das Rückgrat der Strategischen Raketentruppen der Sowjetarmee. Die letzten Exemplare wurden bis 1994 von den Strategischen Raketentruppen Russlands ausgemustert.

### Entwicklung

Im April 1962 beschloss die sowjetische Regierung die Entwicklung der zweiten Generation von Interkontinentalraketen (ICBM), welche die mangelhaften Systeme der ersten Generation, die R-16 (SS-7 Saddler) und die R-9 (SS-8 Sasin), ablösen sollten. Der Beschluss sah die Entwicklung von vier Raketentypen vor: eine leichte feststoffgetriebene Rakete als Gegenstück zur amerikanischen Minuteman, welche in großer Stückzahl stationiert werden sollte; eine schwere Rakete als Gegenstück zur US-amerikanischen Titan; eine überschwere Rakete zum Tragen von Sprengköpfen mit mehr als 50 MT Sprengkraft sowie eine orbitale Rakete, welche es erlauben sollte, die nach Norden ausgerichteten amerikanischen Frühwarnradare zu umgehen. Mit der Entwicklung der leichten feststoffgetrieben ICBM wurde das OKB-1 von Sergej Koroljow beauftragt. Allerdings stieß dieses Programm (RT-2) auf größere technische Hürden, und die negativen Erfahrungen mit den vorangegangenen ICBM-Projekten Koroljows (die R-7 und R-9) führten zu zwei parallelen Projekten für eine leichte Rakete mit flüssigen Treibstoffen bei den Konstruktionsbüros SKB-586 unter Michail Jangel (R-38) und OKB-52 unter Wladimir Tschelomei (UR-100). Die Entwicklung der UR-100 wurde am 30. März 1963 genehmigt. Das R-38-Programm wurde beendet, da Jangels Konstruktionsbüro sich auf die Entwicklung der schweren R-36 konzentrieren sollte.

Die Entwicklung der UR-100 kam ohne größere Probleme voran, im Gegensatz zur RT-2. Das Flugerprobungsprogramm für die UR-100 begann auf dem Testgelände in Baikonur (Tjuratam) nahezu ein Jahr vor dem der RT-2 am 19. April 1965, und wurde am 27. Oktober 1966 beendet. Die Stationierung der UR-100 begann im Jahr 1966. In den folgenden 6 Jahren wurden insgesamt 990 Raketen an 11 Standorten in der Sowjetunion stationiert, hauptsächlich entlang dem Verlauf der Transsibirischen Eisenbahn. Im Gegensatz dazu wurden von der RT-2 ab 1971 nur 60 Raketen stationiert.

Aufgrund der sich in den 1960er Jahren stetig verschlechternden Beziehungen der Sowjetunion zur Volksrepublik China wurden die strategischen Raketentruppen 1968 damit beauftragt, einen Kriegsplan für den Fall eines Konfliktes mit China zu entwickeln. Dies stellte die Raketentruppen vor ein Problem, da die Steuerungssysteme der damaligen Raketen oftmals ein schnelles Reprogrammieren von Zielkoordinaten nicht zuließen oder wichtige Ziele unterhalb der Minimalreichweite vieler sowjetischer ICBM lagen. Daher wurden im Juli 1968 zwei Testflüge von UR-100-Raketen mit Flugweiten von nur 925 km bzw. 1100 km durchgeführt, um sie gegen Ziele in relativ geringer Entfernung zu testen. Die letzten beiden Divisionen von UR-100-Raketen, welche stationiert wurden, waren gegen Ziele in China gerichtet. Daneben übernahmen die UR-100-Raketen auch eine Mittelstreckenrolle gegen Ziele in Europa und Japan.

Ende der 1960er Jahre führte eine Studie in der Sowjetunion, an welcher unter anderem Jangels Konstruktionsbüro beteiligt war, zu heftigen Auseinandersetzungen innerhalb des sowjetischen Verteidigungsapparates, da diese auch die strategischen Raketen der zweiten Generation als unzureichend befand. Die damit verbundenen Kämpfe zwischen den beteiligten Ministerien, Entwicklungsbüros, dem Politbüro sowie dem sowjetischen Generalstab wird auch als „kleiner Bürgerkrieg" bezeichnet. In dessen Folge kam es zu einer Ausschreibung für ein Nachfolgesystem für die UR-100, an welcher sich wiederum SKB-586 (Jangel) und OKB-52 (Tschelomei) beteiligten. Letzteres Büro trat mit zwei Entwürfen an, die UR-100N (eine völlige Neuentwicklung, trotz ähnlichem Namen), sowie einer verbesserten Version der UR-100, die UR-100K. Jangels Büro trat mit der MR UR-100 an. Obwohl die ursprünglichen Pläne vorsahen, sich schon nach der Entwurfsphase auf ein Modell festzulegen, wurde der Wettbewerb für alle drei Raketen in die Flugerprobungsphase verlängert. Schlussendlich wurde beschlossen, alle drei Systeme in die Bewaffnung aufzunehmen. Sie sollten die Basisversion der UR-100 graduell ersetzen.

Nachdem die UR-100 1971 ihre maximale Stationierungszahl von 990 Raketen erreichte, wurde schon 1972 damit begonnen Raketen auszumustern und die Silos für die Stationierung der Nachfolgemodelle zu modifizieren. Die UR-100K Rakete war rund 8t schwerer als die Basisversion und wurde in zwei Subvarianten stationiert, eine Version mit Einzelsprengkopf und eine mit drei Mehrfachsprengköpfen (nicht individuell steuerbar). Die UR-100K verfügte als erste sowjetische Interkontinentalrakete über Täuschkörper zur Überwindung von Raketenabwehrsystemen. Die Einzelsprengkopf-

variante der UR-100K wurde ab 1974 stationiert und erreichte
schon 1975 ihre Maxialanzahl von 200 Raketen. Die Mehrfach-
sprengkopfvariante folgte ab 1975 und erreichte 1976 ihre maximale Stationierungszahl von 220 Raketen. Daneben wurde ab 1975
auch noch die UR-100U stationiert, welche ebenfalls drei Sprengköpfe trug und von welcher 120 Raketen stationiert wurden.
Da durch den 1972 geschlossenen SALT I zwischen den USA und
der UdSSR die Anzahl von Raketensilos für Interkontinentalraketen
in beiden Staaten eingefroren wurde, übernahm ab 1976 die neu
entwickelte RSD-10 (SS-20) die Rolle gegen kontinentale Ziele in
Europa und Asien von den UR-100 Raketen (und ebenso graduell
von den R-12 und R-14 Raketen), so das man die maximale Anzahl
von Silos in der UdSSR für interkontinentale Ziele in den USA nut-
zen konnte.
Die Ausmusterung der UR-100 begann wie beschrieben durch das
graduelle Ersetzen der Raketen durch die UR-100K/U, UR-100N
und MR-UR-100 ab 1972. Bis 1984 wurde die Basisvariante ausgemustert, wobei die letzten 100 Raketen zwischen 1980 und 1984
keine Sprengköpfe trugen. Die UR-100U wurde zwischen 1979 und
1983 ausgemustert. Die UR-100K Raketen blieben am längsten
stationiert, ihre langsame Ausmusterung fand zwischen 1985 und
1994 statt.

**Technik**

Die UR-100 Raketen einschließlich der UR-100K und UR-100U
Versionen waren zweistufig mit lagerfähigen Treibstoff. Sie nuzten
in beiden Stufen Unsymmetrisches Dimethylhydrazin (UDMH) als
Treibstoff und Distickstofftetraoxid (NTO) als Oxidator. Zusammen
mit den R-36 Raketen waren sie die ersten sowjetischen Raketen
welche NTO als Treibstoff nutzten, die vorangegangen Raketen
verwendeten konzentrierte Salpetersäure.

Tschelomeis OKB-52 optimierte den Entwurf auf billige Massenproduktion und nutzte dabei seine Erfahrungen aus der Flugzeugindustrie. Ebenso wurde das Startkonzept von Tschelomeis Erfahrung aus der Entwicklung von seegestützten Marschflugkörpern übernommen: Die Rakete wurde im Werk in ihren Startkanister verpackt und in diesem zum Stationierungsort gebracht. Im Kanister wurde sie in den Silo eingelassen und betankt. Nachfolgend wurde der Kanister versiegelt um die Rakete vor Umwelteinflüssen zu schützen. So konnte sie mehrere Jahr im Silo startbereit gelagert werden, im Gegensatz zu nur sechs Monaten beim Vorgänger R-16. Zwischen Startkanister und Silowand befand sich ein Zwischenraum, über den beim Start die heißen Abgase abgeleitet wurden. Um eine möglichst schnelle und billige Stationierung zu ermöglichen, waren die Silos der UR-100 nur gering gegen Kernwaffenexplosionen gehärtet. Sie waren bis zu einem Überdruck von 30 psi ausgelegt.

**Status**

1986 waren SS-11 im Raum Perm, Kostroma, Teikowo, nordöstlich von Lessosibirsk, östlich des Baikalsees nahe Ulan-Ude, in der Nähe von Tschita *(Tschita-46)* und bei Nowy Urgal in der Region Chabarowsk stationiert. Im Zuge des START-1-Abkommens wurden sämtliche Systeme ausgemustert. Das letzte System wurde 1994 verschrottet.

**Technische Daten der UR-100**

| System | UR-100 | UR-100K | UR-100U |
|---|---|---|---|
| Vertragsbezeichung | RS-10 | RS-10 | RS-10 |
| GRAU-Index | 8K84 | 15A20 | 15A20U |
| DIA-Code | SS-11 mod 1 | SS-11 mod 2 | SS-11 mod 3 |
| NATO-Code | Sego | Sego | Sego |
| Einsatzzeit | 1966-1984 | 1973-1990 | 1975-1983 |
| Antrieb | 2 Stufen Flüssigtreibstoff | 2 Stufen Flüssigtreibstoff | 2 Stufen Flüssigtreibstoff |
| Treibstoff/Oxidator | UDMH/NTO | UDMH/NTO | UDMH/NTO |
| Länge | 16,70 m | 18,90 m | 19,10 m |
| Rumpfdurchmesser | 2.000 mm | 2.000 mm | 2.000 mm |
| Gewicht | 42.300 kg | 50.100 kg | 50.100 kg |
| Nutzlast | 760-1.500 kg | 1.200 kg | 1.200 kg |
| Sprengkopf | 1 RV Nuklear 1,1 MT | 1 RV Nuklear 1,0 MT / 3 MRV Nuklear 220 kT plus Täuschkörper | 3 MRV Nuklear 220 kT plus Täuschkörper |
| Einsatzreichweite | 11.000 km | 12.000 km | 10.600 km |
| Treffergenauigkeit (CEP) | 1,4 km | 0,96 km / 1,1–1,2 km | 1,1–1,2 km |

## MR UR-100

**MR UR-100** ist der GRAU-Index für eine nukleare Interkontinentalrakete mit Mehrfachsprengköpfen, die in der Sowjetunion entwickelt wurde. Der NATO-Codename lautet **SS-17 Spanker**. Der Systemindex der russischen Streitkräfte lautet **RS-16A Skota**.

### Entwicklung

Die SS-17 Spanker entstand als Nachfolgesystem der SS-11 Sego. Die SS-17 wurde 1975 bei den sowjetischen Raketentruppen eingeführt. Das neue System wurde zur Bekämpfung von verbunkerten Zielen, wie Raketensilos und Kommandobunkern konzipiert. Insgesamt wurden 150 Systeme hergestellt. Sämtliche Raketen waren in ehemaligen SS-11-Silos stationiert. Weil die MR UR-100-Lenkwaffen länger als ihre Vorgänger waren, konnte ihre Spitze zur Seite geklappt werden. Unmittelbar vor dem Start wurde die Lenkwaffenspitze aufgerichtet.

### Technik

Alle Versionen waren zweistufige Raketen mit Flüssigkeitstriebwerk. Als Treibstoff verwendete die RS-16 wie die R-36M die lagerfähigen Flüssigtreibstoffe UDMH und Stickstofftetroxid. Die Sprengköpfe waren auf einem sog. Post-Boost-Vehicle (PBV) montiert. Die Steuerung der SS-17 erfolgte durch eine Trägheitsnavigationsplattform. Es wurde eine Treffgenauigkeit (CEP) von 400 m erreicht.
Bei der SS-17 wurde als erste ihrer Art das "kalte" Startverfahren angewendet. Bei diesem Startverfahren wird die Lenkwaffe durch Pressluft aus dem Silo geschossen. Der Raketenmotor zündet erst

außerhalb des Silos. Durch dieses Startverfahren wird Treibstoff gespart und eine Beschädigung des Silos vermieden.

**Status**

1986 waren SS-17 im Raum Kostroma und Jedrowo stationiert, das letzte System wurde 1997 ausgemustert.

# UR-100N

Wechseln zu: Navigation, Suche

Die **UR-100N**, bei den russischen Streitkräften auch **RS-18** genannt, ist eine sowjetische/russische Interkontinentalrakete. Ihr NATO-Codename lautet **SS-19 Stiletto**. Bei den strategischen Raketentruppen von Russland befinden sich noch immer Raketen dieses Typs im Einsatz.

**Geschichte**

Die Entwicklung begann im Jahre 1970. Bereits drei Jahre später konnten die ersten Tests durchgeführt werden. Die ersten Serienraketen wurden 1975 in Dienst gestellt. Insgesamt wurden ca. 360 Raketen diesen Typs in neu gebauten Silos stationiert. Die größte Anzahl wurde auf dem Territorium des heutigen Russlands (ca. 170) aufgestellt, gefolgt von der Ukraine als zweitwichtigstem Standort. Russland plant einen Teil seiner UR-100Ns noch bis ca. 2030 in Dienst zu halten. Dazu werden möglicherweise 30 noch nie stationierte UR-100N eingesetzt, welche Russland 2002 bis 2004 von der Ukraine gekauft hat. Durch regelmäßige Teststarts konnten die russischen Raketenstreitkräfte die Dienstzeit der UR-100N auf nun 31 Jahre erhöhen. Unter Umständen werden sie aber auch schon früher durch die RS-24 abgelöst.

**Letzte Testflüge:**

* 27. Dezember 2011
* 22. Oktober 2008
* 29. Oktober 2007
* 15. November 2006
* 20. Oktober 2005

**Technik**

Die UR-100N ist eine Weiterentwicklung der SS-11 Sego. Die UR-100N ist jedoch wesentlich größer und treffsicherer. Die Länge stieg auf 24 m und der Durchmesser um 25 % auf 2,5 m. Wie die UR-100 verwendet auch die UR-100N einen zweistufigen Flüssigtreibstoffraketenantrieb, der mit lagerfähigem Flüssigtreibstoff (UDMH + NTO) betrieben wird. Betankt wiegen die Raketen je nach Version zwischen 103 und 106 Tonnen. Die Reichweite beträgt bei allen Versionen etwa 10.000 km. Eine UR-100N kann bis zu 5 t Nutzlast transportieren. Die Version Mod 1 trägt 6 Wiedereintrittskörper, die je einen Atomsprengkopf von je 550 kt TNT-Äquivalent enthalten. Bei der Version Mod 2 wird hingegen ein einzelner Sprengkopf mit einer variablen Sprengkraft von 2,5 bis 5 MT verwendet. Diese Version wurde getestet, ob sie hingegen stationiert wurde ist umstritten. Der Mod 3 (UR-100NUTTH) ist die heute stationierte Variante mit ebenfalls 6 MIRV je Rakete. Die Treffgenauigkeit wurde gegenüber dem MOD 1 verbessert, ebenso die Triebwerke, die Steuerung und Silos. Die Treffergenauigkeit liegt je nach Quelle und Version zwischen 250 und 920 m. Laut des START II Abkommens sollten alle Raketen der USA und Russlands nur noch mit einem Sprengkopf bestückt werden. Der Vertrag trat aber nicht in Kraft, und so waren Anfang 2007 weiterhin 123 UR-100NUTTH in Koselsk (60 Raketen) und Tatischtschewo (63 Raketen, daneben Topol-M) stationiert.

Ausgemusterte UR-100NUTTH werden teilweise als zivile Träger-rakete Rockot verwendet.

## Varianten

- Mod 1: Die Ursprungsversion mit 6 Sprengköpfen von je 550 kt Sprengkraft
- Mod 2: Eine Version mit einem einzelnen Sprengkopf von 2,5 bis 5 MT Sprengkraft
- Mod 3: Eine leicht verbesserte Version der Mod 1

## Technische Daten

| Kenngrösse | Daten |
| --- | --- |
| Name | UR-100N |
| Waffentyp | ICBM |
| Reichweite | 10.000 km |
| Sprengköpfe | 1 oder 6 |
| Sprengkraft | 6*550 Kt oder 1*2,5 MT |
| Antrieb | 2-stufiger Flüssigtreibstoff |
| Lenkung | INS |
| CEP | 250–920 m |
| Länge | 24 m |
| Durchmesser | 2,5 m |
| Gewicht | 103-105,6 t |

| Zuladung | 4450 kg |
| --- | --- |
| Hersteller | GKNPZ Chrunitschew |
| Indienststellung | 1975 |
| Nutzerstaaten | UdSSR / GUS |

# Proton (Rakete)

Start einer Proton-K, die das Modul Swesda zur Internationalen Raumstation ISS befördert (Juli 2000)

**Proton** (russisch Протон, bekannt auch als **UR-500**, GRAU-Index 8K82) ist die Bezeichnung für eine russische Trägerrakete, die zum Starten schwerer Nutzlasten (z. B. Raumstations-Module) und geostationärer Satelliten.

## Entwicklung und Einsatz

Die Rakete entstand in der ersten Hälfte der 1960er zunächst als ein Entwurf einer superschweren Interkontinentalrakete, die vermutlich dem Transport von 30- bis 100-Megatonnen-Sprengköpfen im Rahmen des Global-Rocket-2-Programms des sowjetischen Militärs dienen sollte. Ein entsprechender Auftrag an das OKB-52 erging am 24. April 1962. Nachdem dieses Programm mit Wirkung vom 15. Mai 1965 aufgegeben wurde, ordnete man die Rakete dem bemannten Mondprogramm zu, in dessen Rahmen sie zu einer Raumfahrtrakete weiterentwickelt wurde. Seit ihrem Erststart am 16. Juli 1965 und zahlreichen folgenden Fehlstarts hat sie umfangreiche Verbesserungen erfahren. Die aktuellen Versionen der Proton-Rakete gehören heute mit den Oberstufen Blok-DM und Bris-M zu den erfolgreichsten und kostengünstigsten Raketen weltweit. Potentiell bedenklich bleibt aus Sicherheits- und Umweltgründen die Verwendung der hypergolen und toxischen Treibstoffkombination UDMH/Distickstofftetroxid, die bei Fehlstarts freigesetzt werden kann.
Startanlagen der Proton existieren nur in Baikonur, das auf kasachischem Boden liegt. Da die Proton die einzige Trägerrakete Russlands ist, mit der schwere militärische Frühwarn- und Kommunikationssatelliten in die geostationäre Umlaufbahn gebracht werden können, ist ihre Verfügbarkeit für das Militär strategisch wichtig. Da diese durch die geografische Lage von Baikonur nicht gewährleistet werden kann, soll die Proton in den nächsten Jahren durch die neue schwere Angara-A5-Rakete ersetzt werden, für die derzeit eine Startanlage in Plessezk entsteht (Plessezk liegt auf russischem Boden). Der Erststart der Angara war zuerst für 2011 vorgesehen, musste aus finanziellen Gründen aber zuerst auf 2012, dann auf 2013 verschoben werden und bis zum Flug der schweren Angara-A5-Version, die die Proton ersetzen soll, dürften ein paar weitere Jahre vergehen.

Um die Wartezeit bis zum operationellen Einsatz der Angara zu überbrücken und dennoch im hart umkämpften kommerziellen Geschäft bleiben zu können, wurde als Zwischenlösung eine Weiterentwicklung der Proton zur Proton-M durchgeführt. Die Proton-M ist derzeit einer der erfolgreichsten kommerziellen Träger weltweit, der Preis für einen Start der Rakete dürfte bei etwa 70-80 Millionen US-Dollar liegen. Die internationale Vermarktung erfolgt vom Konsortium International Launch Services (ILS), dem auch die US-Firma Lockheed-Martin bis September 2006 angehörte, die die Atlas-Trägerrakete baut. Seit Mai 2008 gehört die Mehrheit von ILS GKNPZ Chrunitschew.

Ab 2012 will ILS auch Doppelstarts von mittelschweren Satelliten in den GTO mit der Proton durchführen.

**Technik**

Je nach Version und Mission hat die Proton drei bis vier Stufen (die Erststartversion war zweistufig) und kann eine bis zu 21 Tonnen schwere Nutzlast in eine erdnahe Umlaufbahn bringen. Die Erststufe mit einer Masse von ca. 450 Tonnen besteht aus einem zentralem Tank mit 4,1 Metern Durchmesser und 21 Metern Länge für den Treibstoff UDMH und sechs Außentanks für den Oxydator Distickstofftetroxid mit einem Durchmesser von 1,6 Metern und je einem daran befestigten Triebwerk RD-253. Die Außentanks haben die Form von Boostern und werden oft für diese gehalten, sind jedoch keine. Diese Bauweise ergab sich, da alle wesentlichen Teile einschließlich des Zentraltanks auf dem Schienennetz transportfähig sein sollten (Begrenzung des Durchmessers wegen Unterführungen und Tunneln). Unter diesen Einschränkungen garantiert der Entwurf mit den sechs Außentanks inklusive der Triebwerke eine optimale Leistungsfähigkeit, lässt aber ähnlich wie bei der R-7 mit ihren *strap-on*-Boostern keine Nutzlasterweiterung durch Hinzufügen von realen Boostern zu. Die Treibstoffmenge der ersten Stufe ermöglicht eine Brenndauer von etwa 125 Sekunden. Die Zweitstufe mit einer Masse von ca. 135 Tonnen besitzt drei RD-210-Triebwerke und ein RD-211-Triebwerk, ist 10,9 Meter lang und liefert einen Vakuumschub von ungefähr 2300 kN. Der Treibstoffvorrat der Zweitstufe ist für eine Brenndauer von etwa 160 Sekunden ausreichend. Die dritte Stufe wird von einem RD-213-Triebwerk angetrieben. Alle drei Stufen verwenden die hypergole und toxische Treibstoffkombination UDMH und Distickstofftetroxid.

Zum Erreichen von geostationären Umlaufbahnen und zum Starten von interplanetaren Sonden erhält die Proton noch eine zusätzliche vierte Stufe. Der erste Start einer vierstufigen Proton erfolgte am 10. März 1967 im Rahmen des bemannten Mondprogramms. Die vierte Stufe erhielt den Namen Blok-D, in späteren Jahren entstanden durch Verbesserungen mehrere Versionen dieser Stufe, die für verschiedene Nutzlasten ausgelegt sind. Alle Blok-D-Versionen verwenden die Treibstoffkombination RP-1 (eine Kerosinart) und Sauerstoff. Ab 1999 kam eine neue Oberstufe zum Einsatz – die Bris-M, die nun vor allem kommerzielle Nutzlasten in den Weltraum befördert. Diese verwendet wie die ersten drei Stufen der Proton auch die Treibstoffkombination UDMH und Distickstofftetroxid.

**Proton-M**

Schwerpunkt der Weiterentwicklung stellte die Steigerung der Nutzlast, des Nutzlastvolumens und der Flexibilität der Aufstiegsbahnen dar. Im Hintergrund standen auch Aspekte des Konkurrenzkampfes innerhalb der russischen Raumfahrtkonzerne.

Neben der Anwendung der Bris-M-Oberstufe (im Gegensatz zu Blok-DM ebenfalls vom russischen Hersteller GKNPZ Chrunitschew) wurden die Triebwerke der ersten Stufe durch sechs mal RD-275 mit ca. 7 % mehr Leistung (je 1635 kN Bodenschub) ersetzt. Ein völlig neues digitales Lenksystem (Hersteller Piljugin-Zentrum Moskau) ermöglicht eine bessere Treibstoffausnutzung und variablere Aufstiegsbahnen und ist zudem 200 kg leichter als das bisherige ukrainische, analoge System. Ebenfalls digitalisiert wurde das Telemetriesystem (Produktionsvereinigung für Messtechnik in Koroljow). Nutzlastverkleidungen aus Verbundwerkstoffen stehen in Größen von 13,20 m, 11,60 m und 19,75 m Länge mit 4,35 m und 5 m Durchmesser zur Verfügung.

Die Produktion erfolgt durch den Konzern GKNPZ Chrunitschew in Moskau-Fili, nach einem Bahntransport wird die Endmontage der Rakete im Montagekomplex MIK-92 auf dem Kosmodrom Baikonur durchgeführt. Der Start erfolgt über die Rampen PU-24 und PU-39. Der Erststart der Weiterentwicklung erfolgte am 7. April 2001, nachdem die Bris-M-Oberstufe bereits zuvor in Verbindung mit der älteren Proton-K erfolgreich getestet wurde. Für russische Nutzlasten wird die Proton-K zeitweilig noch parallel eingesetzt, da sie etwas günstiger als Proton-M ist.

**Versionen**

- Proton: zwei Stufen (Erststart 16. Juli 1965, letzter Start 6. Juli 1966)
- Proton-K: drei Stufen – *letzter Start 2000*
- Proton-K/Blok-D (D-1, D-2, DM, DM-2, DM-2M, DM5, DM1, DM2, DM3, DM4): vier Stufen (Erststart (Blok-D) 6. Juli 1966 – *derzeit im Einsatz* (Blok DM2 und spätere)), Produktion wird 2007 eingestellt
- Proton-K/Bris-M: vier Stufen, Übergangsversion auf Proton-M/Bris-M (Erststart 5. Juli 1999)
- Proton-M: 3 Stufen, erster Einsatz voraussichtlich 2012 mit dem MLM-Modul der Internationalen Raumstation
- Proton-M/Bris-M: vier Stufen (Erststart 7. April 2001 – *derzeit im Einsatz*). Ab DirecTV 10 in verbesserter Version, wobei sowohl die Proton als auch Bris-M verbessert wurden und diese

Kombination nun in der Lage ist 6,3 Tonnen in den GTO zu bringen. Bei der Proton-M wurden die Triebwerke der Erststufe (+12 % Schub) verbessert und die Tankwände dünner gestaltet, weiterhin kommen nun Verbundstoffe zur Reduzierung der Strukturmasse in der Zweit- und Drittstufe zu Einsatz. Bei der Bris-M-Stufe wurden die Druckaufschlagtanks von sechs kleinen auf zwei große umgestellt, sowie die Avionik und die Triebwerke geändert.

**Technische Daten**

**Erststartversion**

- Stufen: 2
- Höhe: 32 m
- Durchmesser 1. Stufe: 7,40 m (mit Außentanks)
- Durchmesser 2. Stufe: 4,10 m
- Startgewicht: ca. 585 t (davon ca. 541 t Treibstoff)
- Startschub: 8.844 kN
- Vakuumschub: 10.020 kN
- Nutzlast: ca. 12 t (NEO)
- Treibstoff: UDMH/Distickstofftetroxid
- GRAU-Index: 8K82

**Proton-K**

- Stufen: 3 / 4
- Höhe: 49 m
- Durchmesser 1. Stufe: 7,4 m (mit Außentanks)
- Durchmesser 2./3. Stufe: 4,1 m
- Durchmesser 4. Stufe: 3,7 m (Blok DM)
- Startgewicht: ca. 684 t (davon ca. 634 t Treibstoff)
- Startschub: 9500 kN (6 × RD-253)
- Nutzlast: ca. 19,76 t (NEO), ca. 4,8 t (interplanetar), ca. 2,6 t (GEO)

- Treibstoff: UDMH/Distickstofftetroxid (Blok-DM: RP-1/LOX)
- (Blok-DM)
- GRAU-Index: 8K82K

**Proton-M**

- Stufen: 3 / 4
- Höhe: 57,2 m (mit 4.Stufe und Nutzlastverkleidung)
- Durchmesser 1. Stufe: 7,4 m (mit Außentanks)
- Durchmesser 2./3. Stufe: 4,1 m
- Durchmesser 4. Stufe: 4,1 m (Bris-M)
- Startgewicht: ca. 690 t
- Startschub: 9800 kN (6 × RD-275)
- Nutzlast: ca. 21 t (NEO), ca. 4,8 t (interplanetar), ca. 3,2 t (GEO)
- Treibstoff: UDMH/Distickstofftetroxid
- GRAU-Index: 8K82KM

# RS-12 (Rakete)

RS-12 bzw. SS-13 Savage, August 1982

Die **SS-13 Savage** ist eine ballistische Interkontinentalrakete aus russischer Produktion. Der GRAU-Index lautet **8K98**. Der System-index der russischen Streitkräfte lautet **RT-2.**

Die SS-13 war die erste Interkontinentalrakete der Sowjetunion mit Feststoffantrieb, welche die Einsatzreife erlangte.

## Entwicklung

Im Jahr 1961 begann man in dem Konstruktionsbüro OKB-1 Koroljow mit der Systementwicklung. Die SS-13 wurde im Jahr 1968 bei den russischen Streitkräften eingeführt. In den darauf folgenden Jahren wurden in der Region um Yoshkar Ola 60 Raketensilos für die SS-13 gebaut. Die System-Lebensdauer für die SS-13 wurde auf 10 Jahre veranschlagt. Später wurde die Lebensdauer auf 15 Jahre verlängert.

Die Erfahrungen, die man mit der SS-13 sammelte, bildeten die Grundlagen für die späteren ICBM-Systeme SS-16, SS-25 und SS-27.

## Technik

Die SS-13 ist eine dreistufige Feststoff-Rakete. Als Treibstoff verwendet die SS-13 den **PAL-17/7**-Treibstoff auf der Basis von Butylkautschuk. Die Steuerung der SS-13 erfolgt mittels einer Trägheitsnavigationsplattform. Es wird eine Präzision (CEP) von 1.500 bis 1.900 m (je nach Version) erreicht.

## Status

Alle 60 SS-13-Systeme waren im Großraum von Joschkar-Ola stationiert. Das RS-12-System war auf die Bekämpfung von sog. „weichen Zielen" wie Städte und Bevölkerungszentren in Europa, Nordamerika sowie in Asien programmiert. Im Zuge der SALT-I-Abrüstungsverhandlungen wurde alle SS-13-Systeme deaktiviert und verschrottet. Die letzte 8K98-Lenkwaffe wurde 1995 verschrottet.

**Technische Daten der SS-13 Savage**

| System | RS-12 / RT-2 | RS-12 / RT-2P |
|---|---|---|
| Lenkwaffe | 8K98 | 8K98P |
| NATO-Code | SS-13 Savage mod 1 | SS-13 Savage mod 2 |
| Einführungsjahr | 1968 | 1972 |
| Antrieb | 3 Stufen Feststoff | 3 Stufen Feststoff |
| Länge | 21,10 m | 21,35 m |
| Rumpfdurchmesser | 1.840 mm | 1.840 mm |
| Gewicht | 51.000 kg | 51.000 kg |
| Nutzlast | 600 kg | 600 kg |
| Sprengkopf | 1 RV nuklear 750 kT | 1 RV nuklear 750 kT plus Täuschkörper |
| Einsatzreichweite | 9.400 km | 9.500 km |
| Treffergenauigkeit (CEP) | 1.900 m | 1.500 m |

# RS-14 Temp-2S

Zeichnung eines RS-14 Temp-2S-Start- und Transportfahrzeugs.

Die **RS-14 Temp-2S** war eine fahrzeuggebundene ballistische Interkontinentalrakete aus sowjetischer Produktion. Die NATO-Bezeichnung lautet **SS-16 Sinner**. Der Systemindex der sowjetischen Streitkräfte lautet **RT-21**. Die RS-14 war bei der Indienststellung das weltweit erste mobile ICBM-System.

## Entwicklung

Im Jahre 1969 begann man in den Konstruktionsbüros des Moskauer Instituts für Wärmetechnik (MITT) unter Alexander Nadiradse mit der Systementwicklung. Die RS-14 wurde 1971 bei den sowjetischen Streitkräften eingeführt. In den darauf folgenden Jahren wurden 60 Start- und Transportfahrzeuge sowie 200 Lenkwaffen hergestellt.Die RS-14 bildete die Grundlagen für die späteren ICBM-Systeme RSD-10, RS-12M und RS-12M2.

## Technik

Die RS-14 war eine dreistufige Feststoffstoffrakete. Als Treibstoff verwendete die RS-14 den **PAL-17/7**-Treibstoff auf der Basis von Butylkautschuk. Die Steuerung erfolgte mittels einer Trägheitsnavigationsplattform. Es wurde eine Präzision (CEP) von 500–1.300 m (je nach Schussdistanz) erreicht. Der Systemindex der sowjetischen Streitkräfte für dieses Fahrzeug lautet **82SCP2**. Das System war mobil und schnell verlegbar. Es wurde eine minimale Reaktionszeit aus voller Fahrt bis zum Raketenverschuss von unter 20 Minuten erreicht. Jedes Fahrzeug wurde mit einer **15Sch42**-Rakete bestückt.

**Status**

Sämtliche RS-14-Systeme waren im Großraum von Plessezk stationiert. Im Zuge der SALT-II-Abrüstungsverhandlungen wurde alle Systeme im Jahre 1985 ausgemustert und verschrottet.

**Technische Daten**

| System | RS-14 Temp-2S |
| --- | --- |
| Lenkwaffe | 15Sch42 |
| NATO-Code | SS-16 Sinner |
| Einführungsjahr | 1976 |
| Antrieb | 3 Stufen Feststoff |
| Länge | 18,50 m |
| Rumpfdurchmesser | 1.790 mm |
| Gewicht | 37.000–44.200 kg |
| Nutzlast | 940 kg |
| Sprengkopf | 1 RV thermonuklear 650 kT oder 1500 kT plus Täuschkörper |
| Einsatzreichweite | 9.200–10.500 km |
| Treffergenauigkeit (CEP) | 1.300 m |

# RS-12M (Rakete)

RT-2PM Topol auf Basis eines MAZ-7917

Die **RS-12M Topol** (NATO-Codename **SS-25 Sickle**, GRAU-Index **15Sch58**) ist eine fahrzeuggebundene, ballistische Interkontinentalrakete (ICBM) aus sowjetischer Produktion. Der Systemindex der Russischen Streitkräfte lautet **RT-2PM**.

## Entwicklung

Die RS-12M wurde als kostengünstiges, mobiles und schwer lokalisierbares ICBM-System konzipiert. Im Jahre 1977 begann man im Konstruktionsbüro Nadiradse und im Moskauer Institut für Wärmetechnik mit der Systementwicklung. Da der SALT-II-Vertrag eine Neukonstruktion von ICBMs verbot, deklarierte die Sowjetunion das RS-12M-System als eine Weiterentwicklung der RS-12. Aus Kostengründen griffen die Entwickler auf den Entwurf der RS-14 zurück. Die RS-12M verwendet unter anderen die ersten beiden Raketenstufen der RS-14, ist aber mit einem neuentwickelten PBV (*Post Boost Vehicle*) bestückt. Das neue PBV enthält eine neuentwickelte Navigations- und Steuereinheit sowie einen neukonstruierten Nuklearsprengkopf.

Von der Topol entstanden zwei unterschiedliche Versionen:

- eine stationäre, silogebundene Ausführung und
- eine mobile, fahrzeuggebunde Ausführung.

Die ersten RS-12M wurden ab dem Jahre 1988 bei den Strategischen Raketentruppen eingeführt. Die Lenkwaffen sind an neun verschiedenen Orten in ehemaligen RS-12-, RS-16A- und RT-21M-Silos stationiert. Das mobile System ist auf dem geländegängigen *MAZ-7912* bzw. *MAZ-7917*-14×12-LKW untergebracht und verlegbar.
Eine Weiterentwicklung der Topol ist die Topol-M (SS-27). Ausgemusterte Topol sind die Grundlage für die *Start*-Trägerrakete.

**Technik**

Die Topol benutzt einen dreistufigen Raketenmotor, der anders als frühere ICBMs mit Feststoff arbeitet. Erst damit ist der Einsatz und Start unabhängig von einer permanenten Basis möglich, die bei Flüssigbrennstoff unabdingbar war. Mit dem mobilen System können die Raketen direkt in der Basis, auf der Straße oder irgendwo im Gelände gestartet werden. Das mobile System ist schnell verlegbar und daher schwierig zu lokalisieren. Somit ist eine präventive Zerstörung nur schwierig realisierbar. Es wird eine minimale Reaktionszeit von wenigen Minuten erreicht. Die Rakete ist mit einem nuklearen Sprengkopf mit einer Sprengleistung von 550 kT bestückt. Die Steuerung erfolgt mittels einer Trägheitsnavigationsplattform. Mit diesem System wird eine Treffergenauigkeit (CEP) von 200 bis 500 Meter erreicht (je nach Schussdistanz). Um Abwehrmaßnahmen durch Abfangraketen zu erschweren, werden mit dem Loslösen des Sprengkopfes auch drei Täuschkörper freigesetzt. Mit der RS-12M lassen sich sämtliche strategische Ziele wie gehärtete Raketensilos und unterirdische Kommandobunker bekämpfen.

US- und NATO-Experten sehen die Topol als effektive Zweitschlagswaffe, mit der aber auch ein wirkungsvoller Erstschlag geführt werden kann.

**Status**

Insgesamt wurden 360 Topol-Systeme stationiert. Ende des Jahres 2010 waren noch 171 Raketen im aktiven Dienst, und dies an den Standorten Wypolsowo (18), Joschkar-Ola (27), Nischni Tagil (27), Nowosibirsk (36), Irkutsk (27) und Barnaul (36; Zahlen in Klammern sind die Anzahl der aktiven Systeme). Die Raketen sind in Regimentern mit jeweils neun Raketen stationiert. Die aktiven Topol haben das Ende ihre ursprünglich geplanten Dienstzeit schon überschritten und sollen bis 2015 ausgemustert werden. Nachfolger ist die Topol-M. Der jüngste Teststart einer Topol erfolgte am 7. Juni 2012. Der Start erfolgte auf dem Testgelände Kapustin Jar und die Rakete traf erfolgreich ihr Ziel auf den Sary Shagan Testgelände in Kasachstan.

**Technische Daten**

| System | RS-12M Topol |
|---|---|
| Lenkwaffe | 15Sch58 |
| NATO-Code | SS-25 Sickle |
| Einführungsjahr | 1988 |
| Antrieb | 3 Stufen Feststoff |
| Länge | 21,50 m |
| Rumpfdurchmesser | 1.800 mm |

| Gewicht | 45.100 kg |
|---|---|
| Nutzlast | 1.000 kg |
| Sprengkopf | 1 RV Nuklear 800 kT |
| Einsatzreichweite | 10.500 km |
| Treffergenauigkeit (CEP) | 350-430 m |

## Topol-M

Topol-M auf dem Übungsplatz in Alabino bei Moskau

Die **RS-12M2** (NATO-Code:**SS-27 Mod.1 Sickle-B**; GRAU-Index:**15Sch65**) ist eine mobile, ballistische Interkontinentalrakete aus russischer Produktion. Die Truppenbezeichnung des Systems lautet **RT-2PM2**.

### Entwicklung

Die Topol M ist eine Weiterentwicklung der Topol (RT-2PM, SS-25 Sickle). Das System entstand als Reaktion auf die US-amerikanischen Pläne zum Aufbau eines Raketenabwehrschildes

(NMD). Im Jahre 1991 begann man im Konstruktionsbüro **MITT** (Moskauer Institut für Wärmetechnik) mit der Systementwicklung und die ersten Flugtests erfolgten 1994. Die Topol M wurde erstmals mit zwei Raketen im Dezember 1997 bei den russischen Streitkräften im Gebiet Saratow eingeführt. Die neue Variante mit der mobilen Abschussrampe wurde am 24. Dezember 2004 erfolgreich in Plessezk getestet und im Dezember 2006 eingeführt. 2007 wurde erstmals eine MIRV-tragende Version der Topol getestet, welche als RS-24 (NATO-Code SS-27 Mod.2) bezeichnet wird. Diese soll ab 2012 als einzige Topol-M Version produziert werden. Die seegestützte Bulawa SLBM basiert ebenfalls auf Technik der Topol-M.

**Technik**

Die *Topol-M* ist eine dreistufige Feststoffrakete. Die Rakete besteht aus modernen Komposit-Werkstoffen und wird in der Wotkinsker Maschinenfabrik produziert.
Das mobile System ist auf dem geländegängigen **MZKT-79221-16x16-LKW** untergebracht und damit schnell verlegbar und schwierig zu lokalisieren; eine präventive Zerstörung ist demnach nicht zuverlässig möglich. Jedes Fahrzeug ist mit einem Flugkörper bestückt.
Die Rakete ist mit einem nuklearen MARV-Sprengkopf mit einer Sprengkraft von 550 kT TNT ausgestattet (möglicherweise auch 800kT wie bei der Vorgängerversion Topol). Die Steuerung erfolgt mittels einer Trägheitsnavigationsplattform sowie dem GLONASS-Satellitennavigationssystem. Mit diesen beiden Systemen soll eine Treffgenauigkeit (CEP) unter 350 m erreichbar sein. Der Gefechtskopf der Topol-M ist in der Lage, nach dem Start von einer ballistischen in eine semiballistische Flugbahn zu wechseln; dadurch ist es Raketenabwehrsystemen nur sehr schwer möglich, den Flugkörper zu zerstören.

Mit der Topol M sollen sich sämtliche strategische Ziele, wie gehärtete Raketensilos und unterirdische Kommandobunker, bekämpfen lassen. US- und NATO-Experten sehen die Topol als hervorragende Zweitschlagswaffe, mit der aber auch ein erfolgreicher Erstschlag geführt werden könne.

**Status**

Dmitri Medwedew in Teikowo, Mai 2008

Zum Ende des Jahres 2010 besaßen die russischen Raketentruppen über 52 silogestützte und 18 mobile Topol-M-Raketen. Hinzu kommen 6 mobile RS-24 Jars, bei den es sich um mit MIRV-bestückten Topol-M handelt. Die insgesamt 24 mobilen Raketen sind in 3 Regimentern in Teikowo stationiert, die 51 silogestützten Systeme in 6 Regimentern in Tatishchevo. Das sechste Regiment in Tatishchevo soll bis Ende 2012 vervollständigt werden, wonach die Stationierung der silogestützten Variante eingestellt werden soll. Von der mobilen Version soll ab 2011 nur noch die MIRV-Variante RS-24 stationiert werden. Es ist geplant, bis zum Jahr 2015 insgesamt 100 bis 120 Systeme zu beschaffen.

**Technische Daten der SS-27 Sickle-B**

| System | RS-12PM Topol-M |
| --- | --- |
| Lenkwaffe | unbekannt |
| NATO-Code | SS-27 Sickle-B |
| Einführungsjahr | 1997 |
| Antrieb | 3 Stufen Feststoff |
| Geschwindigkeit | 17.400 km/h |
| Länge | 22,70 m |
| Rumpfdurchmesser | 1,86 m |
| Gewicht | 47.200 kg |
| Nutzlast | 1.200 kg |
| Sprengkopf | Nuklear 550kT (mglw. 800kT) |
| Treffergenauigkeit (CEP) | 200-350 m |
| Einsatzreichweite | 10.500 km |

## RS-24 (Rakete)

Die **RS-24 „Jars"** (russisch: **PC-24 „Ярс"**) (NATO-Codename: SS-27 Mod-2) ist eine moderne, russische Interkontinentalrakete, die zum Transport von Kernwaffen dient. Sie wurde am 29. Mai 2007 erstmals öffentlich bekannt, als russische Medien über einen erfolgreichen Test berichteten. Im Jahr 2010 wurde die RS-24 Jars in den Bestand der russischen Raketentruppen aufgenommen und hat eine Reichweite von rund 12.000 km.

Die Rakete startete demnach vom Plessezk-Weltraumzentrum im Nordwesten Russlands um 10:20 Uhr UTC und erreichte weniger als eine Stunde später ihr Ziel auf der Halbinsel Kamtschatka, 5300 km weiter östlich, mit der erwarteten Treffergenauigkeit. Zwei weitere erfolgreiche Testflüge von Plessezk gab es am 25. Dezember 2007 und 26. November 2008. Ein zweiter Test im Jahr 2008 wurde gestrichen, der nächste sollte im Jahr 2009 erfolgen.

**Technik**

Die RS-24 benutzt die Antriebstechnik der ab 1991 entwickelten Topol-M (NATO-Codename: SS-27 Sickle-B). Dieses System, eine Kombination von Feststoffantrieb mit einer mobilen Raketenstartrampe auf einem geländegängigen 16×16-LKW, ist eine weitere autarke, mobile ICBM, die bei einem gegnerischen Erstschlag hohe Überlebenschancen hat. Die russischen Streitkräfte gaben bekannt, dass es neben der mobilen auch eine Silo-gestützte Version geben wird. Im Unterschied zur Topol-M verfügt die RS-24 jedoch über MIRV-Technik, kann also mehrere Sprengköpfe freisetzen, die unabhängig voneinander Ziele ansteuern, während die Topol-M einen einzelnen MARV Sprengkopf besitzt. Die RS-24 soll drei Sprengköpfe tragen. Russland plant, mit der RS-24 die älteren Interkontinentalraketen vom Typ RS-18 (UR-100N) (NATO-Code: SS-19 Stilet) und RS-20 (NATO-Code: SS-18 Satan) abzulösen. Im Juli 2010 gab das russische Verteidigungsministerium bekannt, dass die ersten drei Raketen mit Einfachsprengköpfen auf der Raketenbasis Teikowo stationiert wurden.
Obwohl eine MIRV-Version der Topol-M bereits im Dezember 2006 offiziell von Nikolai Solowzow, Oberbefehlshaber der strategischen Raketentruppen Russlands, angekündigt wurde und es noch

länger Spekulationen über einen solchen Schritt gab, wurde der erste Test im Jahr 2007 unter Journalisten als Überraschung aufgenommen. Die auch für westliche Militärkreise überraschende Demonstration, von der weltweit TV-Aufnahmen verbreitet wurden, wird von Beobachtern als Antwort von Russlands Vize-Ministerpräsidenten und Rüstungsverantwortlichen Sergei Iwanow auf die angekündigten US-amerikanischen Raketenabwehrstationen in Polen und Tschechien gedeutet (vgl. Active Layered Theatre Ballistic Missile Defence). Politisch wird der Überraschungscoup auch als russische Mahnung zur Ratifizierung des Abrüstungsvertrag über Konventionelle Streitkräfte in Europa (KSE) gesehen, der allerdings nach ergebnislosen Verhandlungen in Wien vom russischen Präsidenten Wladimir Putin am 14. Juli 2007 ausgesetzt worden war.

Am 1. Dezember 2010 berichtete der Befehlshaber der Strategischen Raketentruppen (RWSN), Generalleutnant Sergei Karakajew, dass die bodengestützten mobilen Topol-M-Raketen mit Einfachsprengkopf (MARV) schrittweise durch die neuen Interkontinentalraketen RS-24 Jars mit Mehrfachsprengköpfen (MIRV) ersetzt werden sollen.

RT-23 im Eisenbahnmuseum Sankt Petersburg

Eisenbahnstationierter Interkontinentaler Raketenkomplex BShKR Russlands, Eisenbahnmuseum Sankt Petersburg

Die **RT-23 Molodets** (deutsch: „Prachtkerl"), auch unter dem NATO-Codenamen **SS-24 Scalpel** bekannt, war eine Interkontinentalrakete der russischen Streitkräfte. Sie wurde vor 1991 in der damaligen Sowjetunion entwickelt und stationiert.

## Aufbau

Die RT-23 ist eine dreistufige Feststoffrakete mit einem aus zehn Sprengköpfen zu je 550 kt Sprengkraft bestehenden Mehrfach-

sprengkopf (MIRV). Die Rakete existiert in zwei Versionen, die
sich durch die Art der Startbasis unterscheiden. Die Rakete kann je
nach Version von einem Silo oder von einem mobilen Schienen-
fahrzeug aus gestartet werden. Bei der mobilen Version befindet
sich die Rakete in einem Transport-Start-Kanister, der zum Start der
Rakete auf einem dafür vorgesehenen Eisenbahnwaggon in die ver-
tikale Position gebracht wird. Die mobile Version der Rakete wird
mittels eines Gasgenerators mit Festtreibstoff gestartet.
Die erste Stufe der silogestützten Version benutzt eine rotierende
Düse, während die mobile Version eine feste Düse hat, die teilweise
in der Brennkammer des Motors angesiedelt ist. Die Triebwerke der
zweiten und dritten Stufe benutzen eine während des Fluges aus-
ziehbare Düse, um den Schub des Motors zu erhöhen, ohne die allgemeinen Abmessungen der Rakete vergrößern zu müssen. Die Rakete wird in der ersten Stufe durch die Schwenkung der Düse
während des Fluges gesteuert. Die zweite und dritte Stufe benutzen
aerodynamische Schaufeln zur Steuerung. Bei beiden Versionen
dient ein computergekoppeltes Trägheitsnavigationssystem zur Navigation. Die zehn Sprengköpfe haben jeweils ein eigenes Antriebs-
sowie Lenkungs-/Kontrollsystem.

**Geschichte**

Die RT-23 wurde in der Sowjetunion in der Zeit des Kalten Krieges
mit dem Ziel entwickelt, über eine Feststoffinterkontinentalrakete
mit unterschiedlichen Startmöglichkeiten zu verfügen. Es waren
drei Varianten geplant, von denen jedoch nur die Startvariante von
einem Raketensilo aus sowie die mobile Variante auf einem Eisenbahnwaggon verwirklicht wurden. Eine weitere mobile Version mit
einem Straßenfahrzeug als Startbasis (TEL) wurde nicht umgesetzt.
Die mobile Variante machte es möglichen Feinden schwerer, die
Raketenstartbasen zu lokalisieren und zu verfolgen. Die RT-23 war
das sowjetische Gegenstück zur US-amerikanischen LGM-118A

Peacekeeper.

Die RT-23 wurde ab 1982 getestet und ab 1989 in beiden Versionen stationiert. Insgesamt wurden 96 Raketen in Dienst gestellt, davon 36 mobile Einheiten und 56 silogestützte. Die Stationierungsorte für das mobile System waren Kostroma (12), Berschet (9) und Krasnojarsk (12), allesamt in Russland. Silogestützte Raketen wurden in Perwomaisk in der Ukraine (46) und in Tatischchewo in Russland (10) in ehemaligen UR-100N-Silos (SS-19 Stiletto) stationiert. Der Großteil der beteiligten Produktionsbetriebe befand sich in der heutigen Ukraine und führte nach dem Zerfall der Sowjetunion zur Einstellung der Produktion dieses Raketentyps. Zum Zeitpunkt des Zusammenbruchs der Sowjetunion waren 92 Raketen im aktiven Dienst, davon 56 in Raketensilos und die restlichen eisenbahngestützt. Die Ukraine hat bis 1996 alle Kernwaffen einschließlich der RT-23 außer Dienst gestellt. Es war geplant, die RT-23 im Rahmen des START II (Strategic Arms Reduction Treaty) aus dem aktiven Dienst zu entfernen. START II wurde allerdings nicht ratifiziert, so dass die RT-23 noch längere Zeit im russischen Dienst blieben. Im Jahr 2005 wurden die letzten aktiven Raketen außer Dienst gestellt. Das Vernichten der Raketen stellt sich als schwieriger heraus als das bloße Außer-Dienst-Stellen, da es durch das Abbrennen der Raketenstufen am Boden geschieht. Im April 2008 wurden die letzte Stufe einer RT-23 in einer Anlage bei Perm vernichtet.

**Technische Daten**

- DIA-Code: SS-24
- Nato-Code: Scalpel
- Sowjetisch: RT-23/ RT-23 UTTKh
- Indienststellung: Mod 1 1987, Mod 2 1989, Mod 3 1989
- Sprengkopf: 10 MIRV
- Sprengkraft pro Sprengkopf: 0,35–0,55 Mt
- Länge: 19 m

- Durchmesser: 2,4
- Startmasse: 104,5 t
- Reichweite: 10.000–11.000 km
- Genauigkeit: Circular Error Probable: 150–250 m
- Abschussrampe: Mod 1-2 Silo, Mod 3 Mobil (Eisenbahn)

- http://www.globalsecurity.org/wmd/world/russia/rt-23.htm (englisch)
- http://www.russianforces.org
- Einige Fotos vom Zug im Sankt Petersburger Eisenbahnmuseum

## R-27 (Rakete)

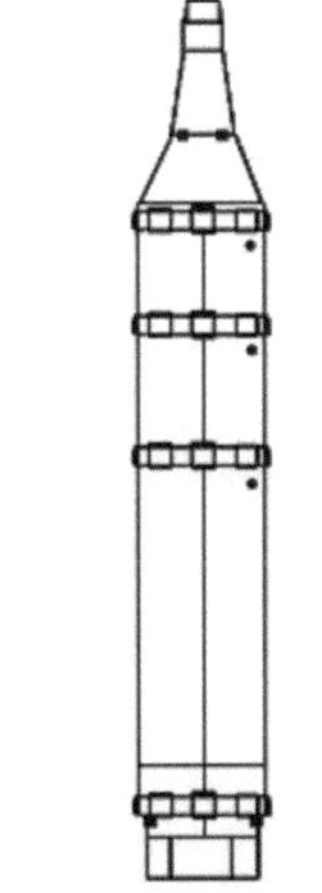

U-Boot-Rakete R-27

**R-27** auch RSM-25 (DIA-Code **SS-N-6**, NATO-Codename **Serb**) ist die Bezeichnung einer Serie russischer U-Boot gestützter Mittelstreckenraketen, die in mehreren Varianten gebaut wurden. Die R-27 konnte - je nach Version – ein oder drei Atomsprengköpfe tragen. Mit überschüssigen Raketen wurden auch zivile ballistische Nutzlasten befördert.

**R-27**

- Startmasse: 14,394 kg
- Durchmesser: 1,50 Meter
- Länge: 9,63 Meter
- Reichweite: 2.400 km
- Anzahl der Sprengköpfe: 1 RV
- Gewicht des Sprengkopfs: 1000 kg

**R-27K**

- Startmasse: 14,394 kg
- Durchmesser: 1,50 m
- Länge: 9,63 m
- Reichweite: 3.600 km
- Anzahl der Sprengköpfe: 1 RV
- Gewicht des Sprengkopfs: 650 kg

**R-27U**

- Startmasse: 14,394 kg
- Durchmesser: 1,50 m
- Länge: 9,67 m
- Reichweite: 2.980 km
- Anzahl der Sprengköpfe: 3 MRV
- Gewicht des Sprengkopfs: 840 kg

# Wolna

**Wolna** [vɔl'na] (russisch *Волна* für Welle) ist der zivile Name der sowjetischen Interkontinentalrakete R-29 bzw. *SS-N-18*, seitdem mit ihr zivile suborbitale Flüge und Satellitenstarts durchgeführt werden. Die Rakete wird von einem getauchten U-Boot aus gestartet. Die zwei unteren Stufen der Rakete werden mit Distickstofftetroxid und UDMH (unsymmetrisches Dimethylhydrazin) betrieben, die dritte Stufe, die nur für orbitale Missionen zum Einsatz kommt, mit festem Treibstoff. Von einer äquatorialen Startposition aus kann die Rakete rechnerisch bis zu 115 kg in einen niedrigen Erdorbit bringen. Wegen der notwendigen Bodenkontrolle nach dem Start konnten die Raketen bisher jedoch nur in der Barentssee gestartet werden, was die Nutzlast auf ca. 50 kg im Orbit reduziert.
Ihren ersten orbitalen Start hatte die Wolna am 21. Juni 2005 mit dem Cosmos 1 Satelliten. Nach den Meldungen der russischen Marine schaltete sich das Triebwerk der ersten Stufe in der 83. Sekunde des Flugs vorzeitig ab, nachdem die Turbopumpe des Haupttriebwerkes versagte. Nach anderen Meldungen der Planetary Society erreichte der Satellit eine unplanmäßige, niedrige Umlaufbahn. Diese Meldungen konnten jedoch zunächst nicht bestätigt werden und stellten sich später als Fehlinterpretationen heraus, sodass nun ein Versagen der ersten Raketenstufe als Fehlerursache gilt.
Die Rakete wurde vom Staatlichen Raketenzentrum Makejew konstruiert.

# R-39 (Rakete)

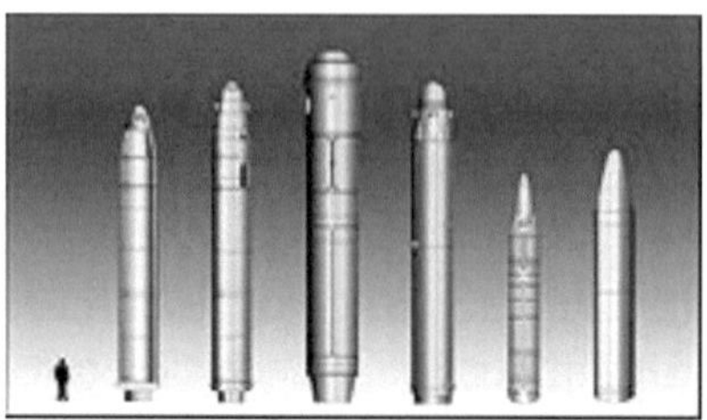

SLBM Größenvergleich, mit der R-39 als größte Rakete in der Bildmitte.

**R-39 „Rif"** ist die Bezeichnung einer sowjetischen Lenkwaffe. Der Systemindex der russischen Streitkräfte lautet **3M65**. In den START Verträgen wird sie als **RSM-52** bezeichnet. Der NATO-Code des Waffensystems ist **SS-N-20 Sturgeon**. Beim Gesamtsystem handelt es sich um eine U-Boot-gestützte ballistische Interkontinentalrakete (SLBM) aus sowjetischer Produktion. Der GRAU-Index für den Raketenkomplex auf U-Booten lautet **D-19**.

## Entwicklung

Im Jahre 1973 begann man in dem Maschinen-Konstruktionsbüro Makheev mit der Systementwicklung. Die SS-N-20 wurde im Jahr 1984 bei der Sowjetflotte eingeführt. Die SS-N-20 ist die Hauptbewaffnung der U-Boote der Typhoon-Klasse (Projekt 941 Akula). Jedes U-Boot ist mit 20 R-39 Lenkwaffen bestückt.
Eine weiterentwickelte Version, die **R-39UTTKh Grom** (RSM-52V Bark / 3M91) wurde während den späten 1980er Jahre entwickelt. Von der NATO bekam dieses Waffensystem die provisorische Bezeichnung **SS-NX-28**. Nach vier missglückten Teststarts wurde das Programm eingestellt.

## Technik

Die SS-N-20 ist eine zweistufige Feststoffrakete. Die Steuerung der SS-N-20 erfolgt mittels einer Trägheitsnavigationsplattform sowie mit einem elektrooptischen System zur Astronavigation. Es wird eine Präzision (CEP) von 500 m erreicht. Die Lenkwaffen können aus dem aufgetauchten oder aus dem getauchten U-Boot verschossen werden. Erfolgt der Abschuss unter Wasser, werden die Lenkwaffen in einer künstlich erzeugten Kavitationsgasblase an die Wasseroberfläche geschossen. Der Raketenmotor zündet unmittelbar nach dem Durchbruch der Lenkwaffe durch die Wasseroberfläche.

## Status

Insgesamt wurden sechs U-Boote der Typhoon-Klasse gebaut. Vier dieser U-Boote wurden 2005 stillgelegt. Zwei Boote wurden modernisiert und umgebaut. Anstelle der SS-N-20 werden diese Boote mit den Bulawa-30-Raketen ausgerüstet.

### Technische Daten der SS-N-20 Sturgeon

| System | D-19 / RSM-52 |
|---|---|
| **Lenkwaffe** | **3M65 / R-39** |
| **NATO-Code** | **SS-N-20 Sturgeon** |
| Einführungsjahr | 1984 |
| Antrieb | 2 Stufen Feststoff plus PBV |
| Länge | 15,97 m |
| Durchmesser | 2,40 m |

| Gewicht | 84.000 kg |
|---|---|
| Nutzlast | 2.550 kg |
| Sprengkopf | 10 MIRV Nuklear 100 oder 200 kT |
| Einsatzreichweite | 8.300 km |
| Treffergenauigkeit (CEP) | 500 m |

## Bulawa (Rakete)

**Bulawa** (russisch Булава; russisch für *Streitkolben*, fälschlicherweise auch als *Keule* übersetzt) (NATO-Code:**SS-N-32**; GRAU-Index:**3M30**) ist eine U-Boot-gestützte ballistische Interkontinentalrakete (SLBM) aus russischer Produktion. Der Systemindex der Russischen Streitkräfte lautet **RSM-56 Bulawa**.

### Entwicklung

Die Systementwicklung begann kurz nach dem Zerfall der Sowjetunion im Jahr 1992. Für die Entwicklung der Bulawa wurden viele Komponenten der Interkontinentalrakete Topol-M (RS-12PM) übernommen. Das Entwicklungsprogramm des Moskauer Institut für Wärmetechnik (MITT) verzögerte sich gegenüber den ursprünglichen Planungen allerdings um bis zu fünf Jahre. Der Beschluss über die Entwicklung der Bulawa wurde 1998 von Wladimir Kurojedow, Oberbefehlshaber der russischen Seestreitkräfte, nach drei fehlgeschlagenen Tests der interkontinentalen ballistischen Testfeststoffrakete „Bark" gefasst. Am 27. Dezember 2011 erklärte der russische Präsident Dmitri Medwedjew die Bulawa-Tests für abgeschlossen und informierte über die Einführung der Rakete in die seegestützten strategischen Kernwaffenkräfte Russlands.

**Technik**

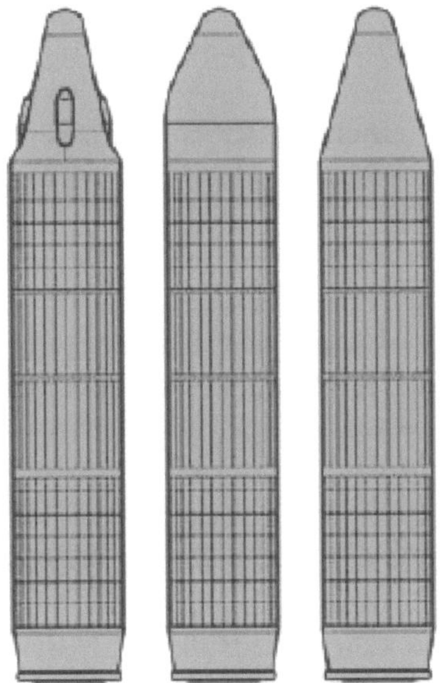



Bulawa-Varianten

Die SS-N-30 ist eine dreistufige SLBM, deren ersten beiden Stufen mit einem Feststoffraketentriebwerk und die dritte Stufe mit Flüssigkeitsraketentriebwerk ausgestattet ist. Die dritte Stufe soll dabei die nötige Geschwindigkeit beim Abtrennen der Sprengköpfe und eine bessere Manövrierfähigkeit bieten. Die Steuerung der SS-N-30 erfolgt mittels einer Trägheitsnavigationsplattform sowie mit einem elektrooptischen System zur Astronavigation. Es wird eine Präzision (CEP) von unter 350 m erreicht. Die Lenkwaffen können aus

dem aufgetauchten oder aus dem getauchten U-Boot verschossen
werden.

Es werden folgende Varianten entwickelt:

- **Bulawa-M** ist mit einem MARV-Gefechtskopf mit einer
  Sprengleistung von 550 kT oder 1 MT bestückt, Reichweite
  10.000 km.
- **Bulawa-30** ist mit bis zu zehn Gefechtsköpfen MIRV 150 kT
  bestückt. Reichweite 6.500 km.
- **Bulawa-47** ist mit drei GLONASS-gelenkten Penetrations-
  Gefechtsköpfen von jeweils 5 kT bestückt und ist zur Bekämpfung von verbunkerten Anlagen konzipiert. Reichweite
  8.500 km.

Mit der Bulawa lassen sich sämtliche strategische Ziele, wie gehärtete Raketensilos und unterirdische Kommandobunker bekämpfen.
US- und NATO Experten sehen die Bulawa als hervorragende
Zweitschlagswaffe, mit der aber auch ein erfolgreicher Erstschlag
geführt werden kann.

**Testreihen**

Die Serie fehlgeschlagener Tests rief besonders 2009 in Russland
unter Fachleuten eine Diskussion über die Ausrichtung des strategischen Rüstungsprogramms hervor. Diese verschärfte sich, nachdem
der abgebrochene Oktobertest am 9. Dezember 2009 nachgeholt
wurde und durch eine Fehlfunktion der dritten Raketenstufe erneut
scheiterte.
Bulawa-M-Raketen sollten ursprünglich bereits 2009 bei der russischen Marine eingeführt werden. Auch eine mobile, fahrzeugge-

bundene Ausführung ist geplant. Die Bulawa soll die Hauptbewaffnung der neuen U-Boote der Borei-Klasse (Projekt 955) werden. Jedes dieser U-Boote kann mit 16 R-30 Lenkwaffen bestückt werden. Sämtliche Tests auf der neuen U-Boot-Klasse von Juni bis Dezember 2011 mit dem Boot **K-535 Juri Dolgoruki** verliefen erfolgreich. Ende Dezember 2011 erklärte Russlands Präsident Dmitri Medwedew, dass die Testphase abgeschlossen sei und die neuen Raketen in der nächsten Zeit in Betrieb genommen werden sollen.

# Kapitel 3: Interkontinentalraketen der Volksrepublik China

## CSS-4

Die **CSS-4** ist eine landgestützte ballistische Interkontinentalrakete der Volksrepublik China. Bei den chinesischen Streitkräften trägt die Rakete die Bezeichnung **DF-5** oder **Dongfeng 5**.

### Entwicklung

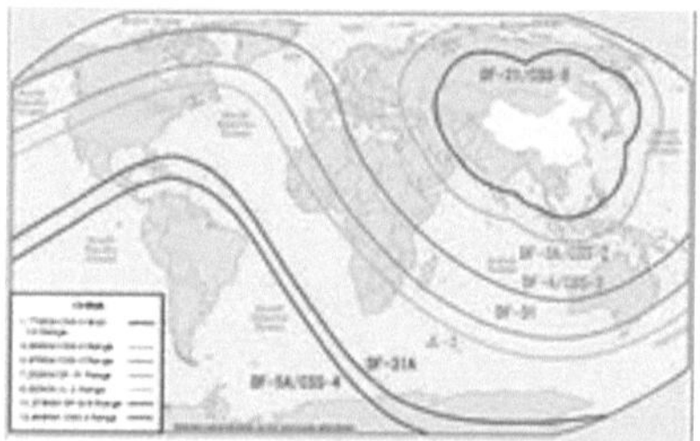

Reichweite von chinesischen Raketen

Die Entwicklung durch den Entwickler CALT begann 1965. Der erste Testflug erfolgte am 10. September 1971. Nach einer langen Entwicklungszeit wurden die erste Rakete 1981 der Volksbefreiungsarmee übergeben. Die Volksbefreiungsarmee rüstete drei Brigaden mit insgesamt 20 bis 30 Raketen aus. Die CSS-4 ist die erste Interkontinentalrakete der Volksrepublik China.
Die verbesserte Ausführung **DF-5A / CSS-4A** wurde 1986 eingeführt. Dieser Version verfügt über MIRV-Sprengköpfe und über ein verbessertes Lenksystem. Es wird eine Treffergenauigkeit (CEP) von rund 500 m erreicht.

Die CSS-4 bildete die Grundlage für die spätere zivile Trägerrakete vom Typ Langer Marsch 2.

**Technik**

Die Raketen sind in gepanzerten Silos gelagert und werden direkt aus diesen gestartet. Die Zeit für die Startvorbereitung liegt bei 100 bis 120 Minuten. Ein Teil der Raketen ist in unterirdischen Bunkern gelagert. Zum Start werden die Raketen aus den Bunkern zu einem Starttisch transportiert und dort startbereit gemacht.
CSS-4 ist eine zweistufige Flüssigtreibstoff-Rakete. Als Treibstoff verwendet die CSS-4 die lagerfähigen Flüssigtreibstoffe UDMH und Stickstofftetroxid. Die Steuerung erfolgt mittels einer Trägheitsnavigationsplattform. Die Rakete ist mit einem einzelnen Multimegatonnen-Sprengkopf bestückt. Es wird eine Präzision (CEP) von 1.000 bis 1.500 m erreicht.
Infolge der relativ schlechten Treffergenauigkeit kann die CSS-4 nur gegen sog "weiche Ziele" wie Bevölkerungszentren, Industriekomplexe, Hafenanlagen und Eisenbahnknotenpunkte eingesetzt werden. US- und NATO-Experten schätzen die CSS-4 als eine wenig effektive Zweitschlagswaffe ein. Die Verbesserte CSS-4A hingegen wird als Erstschlagswaffe klassifiziert.

**Status**

Die Volksbefreiungsarmee hatte im Jahr 2009 20 CSS-4 im Bestand. Diese sollen in den kommenden Jahren ausgesondert und durch die DF-31A ersetzt werden.

**Technische Daten**

| System | Dongfeng 4 / DF-4 | Dongfeng 4A / DF-4A |
|---|---|---|
| NATO-Code | CSS-4 | CSS-4A |
| Einführungsjahr | 1979 | 1986 |
| Antrieb | 2 Stufen mit Flüssigtreibstoff | 2 Stufen mit Flüssigtreibstoff |
| Länge | 33,00 m | 36,00 m |
| Durchmesser | 3.350 mm | 3.350 mm |
| Gewicht | 183.000 kg | 183.000 kg |
| Nutzlast | 3.900 kg | 3.200 kg |
| Sprengkopf | Nuklear 3.000 oder 5.000 kT | Nuklear 4-6 MIRV zu je 350 oder 500 kT |
| Einsatzreichweite | 12.000 km | 13.000 km |
| Treffergenauigkeit (CEP) | 1.000-1.500 m | 500 m |

## CSS-9

Wechseln zu: Navigation, Suche

Die **CSS-9** ist eine mobile, landgestützte ballistische Interkontinentalrakete der Volksrepublik China. Bei den chinesischen Streitkräften trägt die Rakete die Bezeichnung **DF-31** oder **Dongfeng 31**.

## Entwicklung

Die Entwicklung der **CSS-9 mod 1** durch das Konstruktionsbüro
ARMT begann im Jahr 1986. Das System wurde als Ersatz für die
im Einsatz stehenden CSS-3 und CSS-4 konzipiert. Die CSS-9 basiert auf der U-Boot-gestützten JL-2 SLBM. Der erste Testflug erfolgte im Mai 1987. Danach folgten mehrere missglückte Testflüge.
Die ersten Raketen wurden 1999 zu Testzwecken an die Volksbefreiungsarmee übergeben.
Die verbesserte Ausführung **CSS-9 mod 2 / DF-31A** wurde im Jahr
2002 vorgestellt. Diese Version verfügt über MIRV-Sprengköpfe
und über ein verbessertes Lenksystem. Dieses System befindet sich
noch in der Entwicklungs- und Testphase.

## Technik

Die CSS-9 ist eine dreistufige Feststoffrakete. Die Steuerung erfolgt
mittels einer Trägheitsnavigationsplattform. Es wird eine Präzision
(CEP) von 300 bis 500 m (je nach Schussdistanz) erreicht. Die verbesserte Ausführung CSS-9 mod 2 verfügt über ein GPS-
Lenksystem und erreicht eine Treffergenauigkeit (CEP) von 100 bis
150 m.
Die DF-31-Rakete ist in einem Start- und Transportbehälter untergebracht, welcher auf einem sechsachsigen **HY473**-Anhänger installiert ist. Der Anhänger wird von einem **HY4301**-LKW gezogen.
Das System ist straßenmobil und daher schwierig zu lokalisieren.
Somit ist eine präventive Bekämpfung nur schwierig realisierbar. Es
wird eine minimale Reaktionszeit aus der Fahrt bis zum Raketenab-
schuss von 10 bis 15 Minuten erreicht. Mit dem mobilen System
können die Raketen direkt in der Basis oder auf der Straße gestartet
werden.

Mit der CSS-9 lassen sich sämtliche strategischen Ziele wie gehärtete Raketensilos und unterirdische Kommandobunker bekämpfen. US- und NATO-Experten sehen die CSS-9 als effektive Zweitschlagswaffe, mit der aber auch ein wirkungsvoller Erstschlag geführt werden kann.

**Status**

Die Volksbefreiungsarmee verfügt über 10–40 Raketen. Weitere 70–80 Raketen befinden sich vermutlich in Produktion. Die definitive Einführung erfolgt vermutlich 2010–2015.

**Technische Daten**

| Technische Daten | | |
|---|---|---|
| **System** | **Dongfeng 31 / DF-31** | **Dongfeng 31A / DF-31A** |
| NATO-Code | CSS-9 mod 1 | CSS-9 mod 2 |
| Einführungsjahr | 1999 | 2002 |
| Antrieb | 3 Stufen mit Festreibstoff | 3 Stufen mit Festtreibstoff |
| Länge | 13,00 m | 18,40 m |
| Durchmesser | 2.250 mm | 2.250 mm |
| Gewicht | 42.000 kg | 47.200 kg |
| Nutzlast | 750 kg | 1.050...1.750 kg |
| Sprengkopf | Nuklear 1.000 kT | Nuklear 3...5 MIRV zu je 20...150 kT |

| Einsatzreichweite | 7.250...8.000 km | 10.000 km |
|---|---|---|
| Lenksystem | Trägheitsnavigationsplattform | Trägheitsnavigationsplattform plus GPS |
| Treffergenauigkeit (CEP) | 300...500 m | 100...150 m |

# Kapitel 4: Interkontinentalraketen der Volksrepublik Nordkorea

## Taepodong-1

Koreanische Schreibweise

<table>
<tr><td>Revidierte Romanisierung:</td><td>Daepodong-1</td></tr>
<tr><td>McCune-Reischauer:</td><td>Taep'odong-1</td></tr>
</table>

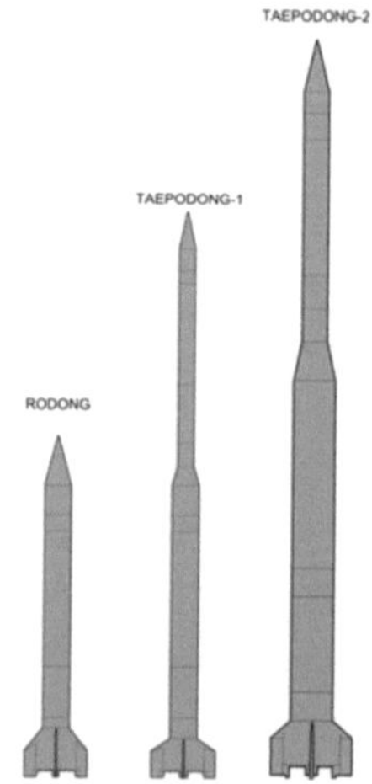


Größenvergleich der drei Raketen Rodong, Taepodong-1 und Taepodong-2

**Taepodong-1** (benannt nach der früheren Bezeichnung der Raketenbasis Musudan-ri) ist die Bezeichnung einer nordkoreanischen ballistischen Rakete mittlerer Reichweite, die auf der Technologie der ebenfalls nordkoreanischen Nodong-1 basiert. Diese Rakete dient in modifizierter Form als Erststufe, während eine umgebaute Hwasong-5 oder 6 als Zweitstufe dient. Vereinzelt wird die Rakete auch als **Paektusan-1** oder **Nodong-2** bezeichnet. Der Iran besitzt möglicherweise eine baugleiche Version mit dem Namen **Shahab-4**, die jedoch bislang noch nicht gestartet wurde.

Schon im Februar 1994 wurden auf amerikanischen Satellitenbildern zwei Taepodong-1 im Entwicklungskomplex Sangun-dong entdeckt, wobei der Bau des ersten flugfähigen Prototypen jedoch erst ein Jahr später begann. Im Mai 1994 wurde eine neue Startanlage auf dem Testgelände in Musudan-ri in der Provinz Hamgyong an der Ostküste errichtet. Am 7. August 1998 begannen die Startvorbereitungen und am 27. August 1998 wurde sie in Startposition gebracht. Am 31. August 1998 trat sie mit ihrem Start zum ersten Mal international in Erscheinung, als sie angeblich als Trägerrakete beim Start des nordkoreanischen Satelliten Kwangmyŏngsŏng von Musudan-ri verwendet wurde. Während die nordkoreanische Regierung den Start als erfolgreich darstellte, konnten westliche Beobachter keinen Satelliten im Orbit nachweisen. Laut der nordkoreanischen Regierung erfolgte die Abtrennung der ersten Stufe nach 95 s, nach 266 s die der zweiten Stufe und 27 s später die Trennung des Satelliten von der dritten Stufe. Als Bahnparameter des 27 kg schweren und 50-60 cm großen Satelliten in Polyederform wurden 6.978 x 21.882 km angegeben. Von westlichen und russischen Beobachtern wurde jedoch eine Explosion der dritten Stufe registriert und ein Absturz der Trümmer in den Pazifik beobachtet. Es wurden auch von keinem Beobachter die Signale des auf der Frequenz von 27 MHz sendenden Satelliten registriert.

**Technische Daten**

- Reichweite: 2.200–2.896 km mit 1.000 kg Nutzlast
- Stufen: 3
- Startschub: 525,25 kN
- Startmasse: 33.406 kg
- Durchmesser: 1,80 m

- Länge: 25,80 m

## Taepodong-2

Unha-2 Rakete

**Taepodong-2** (koreanisch　　　2　, benannt nach der früheren Bezeichnung der Raketenbasis Musudan-ri) ist der Code-Name einer
nordkoreanischen Interkontinentalrakete, die auf der Technologie
der ebenfalls nordkoreanischen Taepodong-1 basiert. Vereinzelt
wird sie auch als No-dong-3, Hwasong (Mars)-2 oder Moksong
(Jupiter)-2 bezeichnet.

In der Version als Satellitenträgerrakete wird sie von Nordkorea als
**Unha-2** (koreanisch für „Galaxie") bezeichnet, eine modifizierte
Version existiert als **Unha-3**.
Eine Reihe verschiedener Konfigurationen ist von Analytikern im
Laufe der Jahre vorgeschlagen worden, jedoch scheinen die durch
Satellitenaufklärung im Vorfeld des ersten Starts gewonnenen Da-

ten zu bestätigen, dass die Konfiguration TD-2C weitgehend dem tatsächlichen Flugkörper entspricht.

**Technische Daten**

Spekulation basierend auf der Konfiguration TD-2C

- Reichweite: 4.700–6.000 km mit 1000 kg Nutzlast
- Startmasse: 79,2 t
- Durchmesser: 2,20 m
- Länge: 35,8 m

**Beschreibung der Unha 2 und 3**

Die Unha 2 und 3 besitzen jeweils drei Stufen. Die ersten Stufen haben jeweils vier Treibwerke, die den Treibstoff UDMH mit dem Oxidator AK-27 (Salpetersäure) verbrennen. Sie sind bei beiden Raketen identisch und haben bei ca. 16,7 Meter Länge etwa 2,4 Meter Durchmesser. Die zweiten Stufen haben jeweils zwei Triebwerke, die UDMH mit AK-27 verbrennen, und sind sehr ähnlich, mit ca. 8 Meter Länge bei der Unha 2 und etwa 8,1 Meter Länge bei der Unha 3. Der Durchmesser beider Stufen beträgt 1,5 Meter. Die Treibstoffmenge und das Gewicht sollen jedoch identisch sein. Die Unha 2 verwendet in der dritten Stufe ein Feststoffraketentriebwerk, während die Unha 3 eine mit Flüssigtreibstoff betriebene Stufe mit zwei Triebwerken verwendet. Die dritte Stufe der Unha 3 verwendet dieselbe Treibstoffkombination aus UMDH und AK-27 wie die ersten beiden Stufen. Die dritte Stufe der Unha 3 ist mit ca. 3,8 Meter länger, schwerer und leistungsfähiger als die dritte Stufe der Unha 2, die nur ca. 3 Meter lang ist. Der Durchmesser ist mit ca. 1,25 Metern bei beiden gleich.

# Verwendung

Eine Unha-3 auf dem Startplatz Sohae im April 2012

Nach US-amerikanischen und japanischen Regierungsinformatio-
nen hat Nordkorea am frühen Morgen des 5. Juli 2006 den ersten
Testabschuss einer Taepodong-2 durchgeführt. Laut der amerikanischen Regierung sei dieser Flug jedoch fehlgeschlagen und die Rakete nach etwa 40 Sekunden in das Japanische Meer zwischen dem
asiatischen Festland und Japan gestürzt. Es ist bislang unklar, ob
dieser Flug ein Test in der Konfiguration als Interkontinentalrakete
war oder ob ein Satellit in den Erdorbit gebracht werden sollte.
Nach nordkoreanischen Angaben wurde am 5. April 2009 mittels
einer **Unha-2** erfolgreich der Satellit Kwangmyŏngsŏng-2 (      2
koreanisch „Heller Stern") ins All transportiert, der Messdaten und
Revolutionslieder auf einer Frequenz von 470 MHz zur Erde sendet.

152

Die USA und Südkorea dementieren dies und behaupten, die Rakete sei in den Pazifik gestürzt. Der Start fand entgegen den Bestimmungen der Resolution 1718 des UN-Sicherheitsrates statt, welche Korea die Verwendung von ballistischen Langstreckenraketen untersagt. Man nimmt an, dass ein Test militärischer Technik verschleiert werden sollte.

Ein Startversuch einer **Unha-3** fand am 12. April 2012 um 22:39 UTC (13. April nach Ortszeit) vom neuen Startplatz Sohae statt. Die Startvorbereitungen erfolgten mit für Nordkorea unüblicher Offenheit, sogar ausländischen Journalisten wurde der Zutritt zum Startgelände gewährt. Der Start erfolgte in südlicher Richtung, um den Wettersatelliten Kwangmyŏngsŏng-3 in eine Umlaufbahn mit hoher Inklination zu bringen (Kreisförmig in 500 km Höhe mit 97° Inklination zum Äquator). Etwa zwei Minuten nach dem Start zerbrach oder explodierte die Rakete in etwa 70 km Höhe. Die Trümmer erreichten eine Gipfelhöhe von ca. 151 km und fielen ins Meer zwischen der Volksrepublik China und Südkorea. Nordkoreanische Funktionäre bestätigten den Fehlstart und wiesen dabei erneut darauf hin, dass die Mission einen rein wissenschaftlichen Zweck verfolgt habe. International rief der Start jedoch starke Kritik hervor, u. a. verurteilte einstimmig der Sicherheitsrat der Vereinten Nationen den Raketenstart als „ernsthaften Verstoß" gegen UNO-Resolutionen. Nordkorea teilte mit, laut Zeitungsbericht vom 21. April 2012, dass die Fehlersuche des Fehlstarts abgeschlossen ist. Die Ergebnisse würden bei den nächsten Versuchen eines Satellitenstarts berücksichtigt werden.

# Kapitel 5: Interkontinentalraketen Großbritanniens

## UGM-27 Polaris

Unterwasserstart einer Polaris A3

Die **UGM-27 Polaris** waren strategische Mittelstreckenraketen, die von Raketen-U-Booten (SSBN) aus abgefeuert werden konnten. Sie waren also „Submarine Launched Ballistic Missiles" (SLBM). Sie sind nicht mehr im aktiven Flottendienst und wurden durch die UGM-73 Poseidon ersetzt.

# Polaris A1 (UGM-27A)

## Geschichte

Polaris A1 auf der Startrampe in Cape Canaveral

Die Entwicklung der Polaris A1 begann 1956 auf Anregung von
Admiral Arleigh Burke, nachdem Edward Teller erklärt hatte, es sei
möglich, einen atomaren Sprengkopf zu bauen, der klein genug sei,
in eine U-Boot-gestützte Rakete zu passen.
Am 20. Juli 1960 feuerte die *USS George Washington (SSBN-598)*
als erstes getauchtes U-Schiff eine Rakete vom Typ Polaris A1 und
drei Stunden später eine zweite Rakete gleichen Typs ab. Dasselbe
Schiff lief am 15. November 1960 mit 16 Polaris A1 beladen zur
ersten Patrouillenfahrt mit dem neuen Flugkörper aus. Am 6. Mai
1962 wurde eine Polaris A1 von der *USS Ethan Allen (SSBN-608)*
mit scharfem Atomsprengkopf im Rahmen der Übung „Frigate
Bird" erfolgreich auf ein Übungsziel abgefeuert. Dies war der ein-

zige vollständige Test eines strategischen Waffensystems der USA vom Abfeuern bis zur nuklearen Detonation.

Am 14. Oktober 1965 lief die *USS Abraham Lincoln (SSBN-602)* die USA zur Überholung an. Im Rahmen dieser Überholung wurden die letzten in Dienst befindlichen Polaris A1 durch Polaris A3 ersetzt und außer Dienst gestellt.

## Technische Daten

- Gewicht: 28.800 Pfund (12.700 kg)
- Länge: 28,5 Fuß (8,7 m)
- Durchmesser: 54 Inch (137 cm)
- Reichweite: ca. 1000 Nautische Meilen (1850 km)
- Erste Stufe: 18.400 Pfund Polyurethan-Treibstoff nebst Aluminiumbeimischungen mit Ammoniumperchlorat als Oxidator
- Zweite Stufe: 7.300 Pfund, gleicher Treibstoff wie erste Stufe
- Steuerungssystem: MK1
- Wiedereintrittskörper: 1 (W47-Y1/Mk1 mit 600 kT)

# Polaris A2 (UGM-27B)

## Geschichte

Polaris A2 auf der Startrampe in Cape Canaveral

Die Entwicklung für die Polaris A2 begann auf Weisung des System Program Office vom 28. November 1958. Ziel war die Fertigstellung von genug Raketen für die sechs SSBN bis zum Oktober 1961. Die Rakete sollte eine Reichweite von mindestens 1.500 nautischen Meilen haben. Zur Erreichung dieses Ziels wurde die Polaris A1 weiterentwickelt. Um eine Reichweitenerhöhung zu ermöglichen, wurde die zweite Stufe der A1 durch den Einsatz von GFK statt Stahl für das Motorengehäuse leichter gebaut und ein energiereicherer Treibstoff verwendet.

Die erste A2X wurde am 11. November 1960 auf Cape Canaveral gestartet, und am 23. Oktober 1961 wurde die Polaris A2 zum ersten Mal von der getauchten *USS Ethan Allen (SSBN-608)* abgefeuert. Die Ethan Allen war auch das erste Schiff, welches mit Polaris A2 ausgerüstet wurde. Sie startete am 26. Juni 1962 die erste Patrouillenfahrt der Polaris A2.

Die *USS John Marshall (SSBN-611)* war das letzte Schiff der US-Marine, welches im Rahmen der Überholung, die am 1. November 1974 begann, auf Polaris A3 umgerüstet wurde. Die Polaris A2 wurde daraufhin außer Dienst gestellt.

Die Polaris A2 wurde in den Jahren 1961 und 1962 mit Durchdringungshilfen gegen vermeintliche sowjetische Raketenabwehrsysteme ausgestattet. Diese PX-1 genannten elektronischen Gegen-Gegenmaßnahmen verringerten allerdings die Reichweite der Polaris A2 und wurden – nachdem klar wurde, dass die Sowjets keine nennenswerte Raketenabwehr gegen Interkontinentalraketen hatten – wieder aus den umgerüsteten Raketen entfernt.

**Technische Daten**

- Gewicht: 32.500 Pfund (14.750 kg)
- Länge: 31 Fuß (9,45 m)
- Durchmesser: 54 Inch (137 cm)
- Reichweite: ca. 1.500 nautische Meilen (500 mehr als die A1) (2775 km)
- Erste Stufe: 19.200 Pfund Treibstoff wie Polaris A1
- Zweite Stufe: 7.400 Pfund mit plastifizierter Nitrozellulose als Treibstoff und Oxidator wie Stufe 1. DDT-70 Motor von ABL.
- Steuerungssystem: MK1
- Wiedereintrittskörper: 1 W47-Y2/Mk1 mit 1,2 MT)

# Polaris A3 (UGM-27C)

## Geschichte

Polaris A3 auf der Startrampe in Cape Canaveral

Im Gegensatz zur Polaris A2, welche nur eine Weiterentwicklung
der A1 war, ist die Polaris A3 nahezu eine komplette Neukonstruktion.
Ziel war die Erhöhung der Reichweite auf 2500 nautische Meilen,
um den Pazifik als Operationsgebiet für die SSBN zu erschließen
und so der sowjetischen U-Boot-Abwehr im Atlantik aus dem Weg
gehen zu können. Auch wurde eine verbesserte Penetration der
vermuteten sowjetischen Raketenabwehrmaßnahmen angestrebt.
Diese erhöhten Anforderungen benötigten neue Antriebe für die
Raketenstufen, eine verbesserte Flugsteuerung und Navigation,
neue Durchdringungshilfen (PX-2) und mehr Wiedereintrittskörper
(drei Stück). Die einzelnen verbesserten Systeme wurden zunächst
in A2X-Testraketen eingebaut und bei vielen Probeflügen getestet.

Hierbei ergaben sich insbesondere bei der Flugsteuerung beim Antrieb viele Probleme.

Der erste Teststart einer Polaris A3 fand am 7. August 1962 in Cape Canaveral statt, die *USS Andrew Jackson (SSBN-619)* feuerte am 26. Oktober 1963 die erste A3 unter Wasser ab und am 28. September 1964 gingen die ersten 16 einsatzbereiten A3 an Bord der *USS Daniel Webster (SSBN-626)* mit auf Patrouillenfahrt. Die erste Pazifikpatrouille wurde am 25. Dezember 1964 von der *USS Daniel Boone (SSBN-629)* von Apra Harbor auf Guam aus gestartet. Zu diesem Zeitpunkt war die Polaris A3 zum ersten Mal eine weltweit einsetzbare Waffe.

Abgerüstete und modifizierte Polaris-A3-Raketen werden unter der Bezeichnung STARS als Zielflugkörper im US-amerikanischen Raketenabwehrprogramm verwendet.

**Technische Daten**

- Gewicht: 35.700 Pfund (4.000 mehr als die A2) (16.200 kg)
- Länge: 31 Fuß (9,85 m)
- Durchmesser: 54 Inch (137 cm)
- Reichweite: ca. 2.500 nautische Meilen (1.000 mehr als die A2, 1.500 mehr als die A1) (4625 km)
- Erste Stufe: 21.800 Pfund nitroplastilierter Polyurethan-Treibstoff
- zweite Stufe: 9.000 Pfund Nitrocellulose
- Steuerungssystem: ?
- Wiedereintrittskörper: 3

# Polaris B3 (Studien)

Im Rahmen der strategischen Studien der Jahre 1962-1964 wurde postuliert, dass die Sowjetunion nach 1967 über verbesserte Radarluftraumüberwachung und mit Abfangraketen eine wirksame Ab-

wehr gegen US-Interkontinentalraketen besitzen könnte.
Daher wurden Polaris wie oben beschrieben mit Durchdringungshilfen ausgerüstet. Gleichzeitig wurde aber auch an der Polaris B3 gearbeitet. Sie hatte einen Durchmesser von 66 Zoll, statt der bei der Polaris üblichen 54 Zoll. Es gab Modelle mit einem oder mit drei Wiedereintrittskörpern mit verschiedener Bestückung (ein Sprengkopf, mehrere Sprengköpfe, jeweils mit und ohne Durchdringungshilfen). Die Konfigurationen wurden B3A, B3B und so weiter genannt.

Die von Lockheed vorgeschlagene B3D sollte sogar einen Durchmesser von 74 Zoll (diesen Durchmesser haben die heute gebräuchlichen Trident-SLBMs) haben und erforderte massive Umbauten an den Abschusssystemen der vorhandenen U-Schiffe. Ihre Reichweite sollte 2000 nautische Meilen betragen und umfasste drei Sprengköpfe nebst Durchdringungshilfen. Die Sprengköpfe und Durchdringungshilfen waren auf einer Plattform (*Bus*) montiert, welche den Wiedereintritt in die Atmosphäre mit Düsen, die flüssigen Stickstoff ausstießen, steuerten. Die Sprengköpfe konnten sowohl gegen harte Ziele, als auch gegen verteidigte Städte und Industrieanlagen verwendet werden.

Mit Einführung neuer Mk12 Wiedereintrittskörper im März 1964 wurde eine neue Polaris B3 entwickelt, welche sechs Mk12 und Durchdringungshilfen tragen konnte. Auch diese Rakete hatte eine Reichweite von nur 2000 nautischen Meilen, da es nach damaliger Doktrin mehr auf eine Nutzlast, denn auf Reichweite der Raketen, ankam. Die Transportplattform zur Mehrfachzielbekämpfung wurde ebenfalls verbessert und nun nicht mehr "Bus", sondern "Mailman" genannt.

Im Oktober 1964 wurden B3-Varianten mit vier Mk 12 oder zwölf neuen kleinen Wiedereintrittskörpern von Lockheed vorgeschlagen. Ein Umbau des *Mailman* sollte eine flexiblere Mehrfachzielbekämpfung ermöglichen (*Flexi-flier*).

Im selben Jahr wurden auch Pläne vorgestellt, große Interkontinentalraketen auf dem Meeresgrund in einer Tiefe von bis zu 2.600
Metern unter dem Meeresspiegel zu stationieren. Diese Idee wurde
aber nicht weiterverfolgt, da sie nicht zur strategischen Rolle der
US-Marine (Bekämpfung von Städten und Industriegebieten) pass-
te.
Aus den Polaris-B3-Studien wurde die UGM-73 Poseidon entwickelt.

**Britische Polaris**

1962 einigten sich die USA und Großbritannien in der Vereinba-
rung von Nassau auf die Lieferung von 80 *Polaris* an das Vereinigte
Königreich. Zum Ausgleich erhielt die United States Navy das
Recht, einen U-Boot-Stützpunkt in Holy Loch bei Glasgow zu
betreiben. Diese *Polaris* wurden mit britischen Gefechtsköpfen ausgestattet und auf U-Booten der Resolution-Klasse stationiert. Sie
ersetzten die luftgestützten Blue-Steel-Raketen.

# Kapitel 6: Interkontinentalraketen Frankreichs

## M 45 (MSBS)

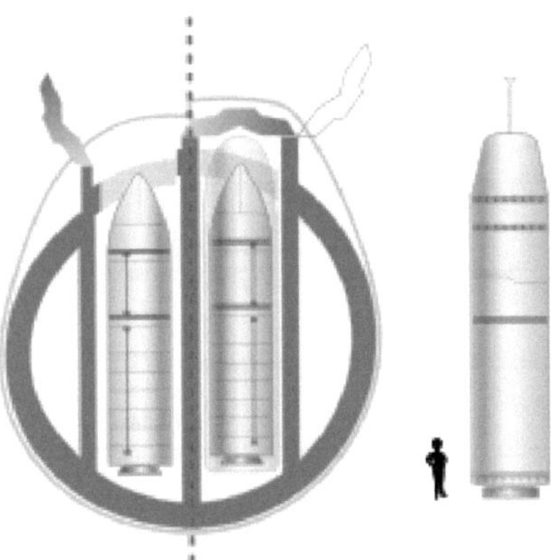

Größenvergleich: links Atom-Uboot der *Redoutable*-Klasse mit M 4 Rakete; rechts *Le-Triomphant-Klasse* mit M 45 sowie M 51 Rakete

Die **M 45** sind die ersten auf U-Booten der französischen Marine stationierten ballistischen Interkontinentalraketen. Die Raketen wurden 1997 gemeinsam mit dem ersten Atom-U-Boot der neuen Triomphant-Klasse eingeführt und tragen jeweils sechs TN-71 Gefechtsköpfe mit einer Explosionskraft von jeweils 100 kT, nach anderen Angaben bis 150 kT. Die Gefechtsköpfe wurden bei den bisher letzten französischen Atomtests 1995/96 auf Mururoa gezündet.
M 45 stellen eine Weiterentwicklung der M 4 dar. Sie sind aber auch mit Komponenten des Nachfolgeprojektes M 51 ausgestattet.

# Technische Daten

| Kenngröße | Daten |
| --- | --- |
| Hersteller | EADS Astrium |
| Land | Frankreich |
| Länge | 11 m |
| Durchmesser | 1,92 m |
| Gewicht | 36.000 kg |
| Reichweite | 6000 km |
| CEP | 350 m |
| Antrieb | dreistufiger Feststoffraketenmotor |
| Steuerung | Trägheitsnavigation |
| Gefechtsköpfe | 6 nukleare Sprengköpfe (MRV) *TN-71* à 150 kT |

# M 51 (MSBS)

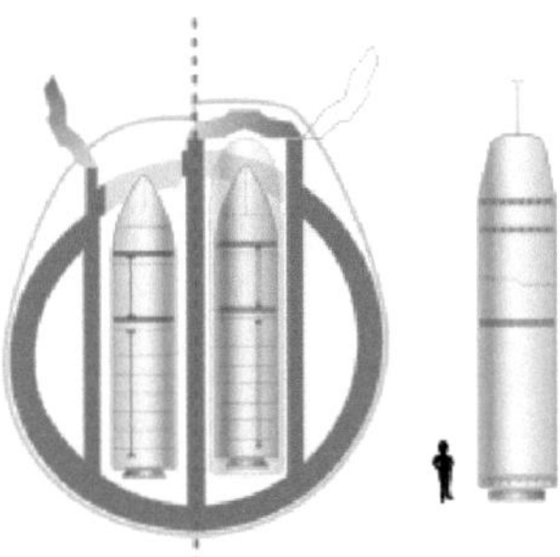

Größenvergleich: links Atom-U-Boot der *Redoutable*-Klasse mit M-4 Rakete; rechts *Le-Triomphant*-Klasse mit *M 45* sowie *M 51* Rakete

**M 51** ist die Bezeichnung der französischen U-Boot-gestützten Interkontinentalrakete, die 2010 das Modell *M 45* ersetzen soll. Die Reichweite der Rakete ist ein militärisches Geheimnis, wird aber auf 8.000 km bis 9.000 km geschätzt. Die *M 51* ist das Ergebnis einer kostenoptimierten Rückentwicklung aus der ursprünglich geplanten *M 5*. Die Rakete wiegt 56 Tonnen und ist 12 Meter hoch. Ihr Ammoniumperchlorat-Feststoffantrieb basiert auf dem der Ariane 5 und wird, wie dieser, von EADS Astrium Space Transportation gebaut. Als Teil der Force de frappe kann sie sechs bis zwölf (MIRV)-Gefechtsköpfe *TN-75* mit einer Sprengkraft von jeweils 100 kT tragen. Bei den bisher letzten französischen Atomtests 1995/1996 auf Mururoa erreichten die getesteten Waffen eine Sprengwirkung von 110 kT. Die *M 51* ist gegen die Wirkung von EMP gehärtet und gegen elektronische Gegenmaßnahmen (ECM) widerstandsfähiger. Die Wiedereintrittskörper haben Stealth-Eigenschaften und sind mit modernen Durchschlagshilfen ausgestattet.Das Entwicklungsprogramm der *M 51* kostet 8,5 Mrd. EUR. Der Stückpreis einer Rakete liegt bei 150 Mio. EUR. Bis zu 60 Raketen sollen gebaut werden. Die Force océanique stratégique (FOST) verfügt über vier Atom-U-Boote der Triomphant-Klasse,

die bis zu 16 Raketen (*Mer-Sol-Balistique-Stratégique*) aufnehmen
können. Der erste Testflug erfolgte am 9. November 2006. Der
jüngste Test fand am 27. Januar 2010 vom U-Boot Le Terrible (S
619) in der Bucht von Audierne statt. Dies war der erste Start von
einem U-Boot aus, die drei vorangegangen Testflüge wurden an
Land gestartet.

**Technische Daten**

| Kenngröße | Daten |
|---|---|
| Hersteller | EADS Astrium Space Transportation |
| Land | Frankreich |
| Länge | 12 m |
| Durchmesser | 2,3 m |
| Gewicht | 56.000 kg |
| Reichweite | > 8.000 km |
| Flughöhe | 1.000 km |
| Geschwindigkeit | Mach 25 |
| CEP | 200 m |
| Antrieb | dreistufiger Feststoffraketenmotor |
| Steuerung | Trägheits- plus Astronomische Navigation |
| Gefechtsköpfe | 6–10 nukleare autonome Sprengköpfe *TN-75* à 100 kT |